AF391493

LE JARDIN BOTANIQUE

DE

LA FACULTÉ DE MÉDECINE DE PARIS

Imprimeries réunies, **B**, Puteaux.

LE
JARDIN BOTANIQUE

DE LA FACULTÉ DE MÉDECINE DE PARIS

GUIDE DES ÉLÈVES EN MÉDECINE

ET DES PERSONNES QUI ÉTUDIENT
LA BOTANIQUE ÉLÉMENTAIRE ET LES FAMILLES NATURELLES DES PLANTES

contenant

UN RÉSUMÉ DE LEURS AFFINITÉS ET DE LEURS PROPRIÉTÉS

PAR

H. BAILLON

Professeur d'histoire naturelle médicale à la Faculté de médecine

Accompagné d'un plan du jardin

PARIS

OCTAVE DOIN, ÉDITEUR

8, PLACE DE L'ODÉON, 8

1884

INTRODUCTION

(INDISPENSABLE A LIRE POUR L'USAGE DE CE LIVRE).

Le jardin botanique de la Faculté de médecine a été établi, en 1869, à la suite de la destruction de l'école célèbre que nous possédions au Luxembourg, dans l'ancienne pépinière des Chartreux. Très limité comme terrain, le jardin actuel renferme cependant à peu près toutes les plantes employées en médecine, et celles, en petit nombre, qui, n'étant pas usitées comme médicaments, sont cependant indispensables à connaître comme caractérisant certains groupes naturels comprenant des plantes médicinales.

Le jardin est classé *géographiquement;* chaque groupe naturel de végétaux y est rassemblé dans ce qu'on pourrait appeler son *département,* et de façon à respecter autant que possible les rapports multiples des groupes. Les *Solanacées,* par exemple, occupent, vers le centre de la moitié droite de l'école, une enceinte qu'elles partagent avec les

Scrofulariacées, représentant leur forme irrégulière. Ces dernières sont en face d'un parterre voisin qui contient les *Labiées*, leurs analogues pour l'irrégularité de la corolle, la didynamie de l'androcée, la duplicité du gynécée, etc.; et les *Labiées* elles-mêmes occupent le même département que les *Borraginacées*, dont elles ont le gynécée, sauf l'ovule, mais dont on les a considérées comme la forme irrégulière quant à l'androcée et à la corolle.

L'allée médiane, qui se dirige du sud-est au nord-ouest, sépare le jardin en deux moitiés : celle de gauche comprend la plupart des *Dicotylédones-dialypétales;* celle de droite, les *Dicotylédones-gamopétales* [1], avec les *Monocotylédones* vers un angle extrême à droite. Quelques *Cryptogames* sont représentées au fond à gauche du jardin. Ici encore les relations d'affinité sont autant que possible respectées. A droite de l'allée principale se trouvent, par exemple, vers le fond, les *Rubiacées*, à ovaire infère et à corolle gamopétale. A gauche de la même allée et en face sont plantées les *Ombellifères* et les *Cornacées*, qui sont, dans la polypétalie, les analogues des *Rubiacées*.

Chaque étiquette porte, en bas et à gauche, un *numéro d'ordre*. Celui-ci ne répond à aucun arrangement méthodique : les plantes ont été seulement ainsi numérotées à mesure qu'elles étaient introduites dans le jardin. Une liste

---

1. Sauf les *Renonculacées*, *Dilléniacées* et *Magnoliacées*, qui ont dû être rejetées du côté droit, à l'est du laboratoire, pour aller se rattacher aux Monocotylédones par l'intermédiaire des Renoncules aquatiques et des *Alisma*, notamment de l'*A. ranunculoides*.

complète des espèces qui s'y cultivent est ainsi donnée, suivant les numéros d'ordre, à la page 1. Toute plante inscrite sur cette liste a également son nom à la table alphabétique qui termine le volume et qui renvoie nécessairement à la page où les principales indications relatives à cette espèce sont données. On voit, par exemple, que l'étiquette du *Cinchona succirubra*, la plante qui donne la meilleure sorte de *Quinquina rouge*, porte le n° 500. En se transportant à la table alphabétique, au mot *Cinchona succirubra*, on le verra suivi du numéro de la page (99), à laquelle sont rappelés les principaux caractères et usages de cette plante ; indications rapides et telles qu'on peut désirer les trouver quand on veut faire dans le jardin une promenade instructive, alors qu'on se livre à l'étude des *Rubiacées* médicinales, ou qu'on veut se rappeler ce qu'il importe de connaître de ces plantes, à la veille d'un examen, par exemple, ou dans tout autre cas analogue.

Quand il s'agit d'une espèce dont l'importance est incontestable, on trouve également, à la suite de son nom et de ses caractères dominants, le numéro que portent les produits médicinaux de la plante dans le *Droguier* de la Faculté de médecine. Ainsi, à propos du *Cinchona succirubra*, on lit : *Drog.*, n. 171 ; ce qui signifie que l'écorce de cet arbre porte ce numéro dans la collection des médicaments d'origine végétale qui existe à la Faculté.

La liste par numéros d'ordre (p. 1) doit être considérée comme un catalogue des espèces cultivées dans le jardin et qu'il peut offrir, à titre de don ou d'échange, aux jardins botaniques de la France ou de l'étranger avec lesquels il est en relations.

Les noms portés sur cette liste sont très généralement ceux sous lesquels les espèces sont désignées dans la plupart des jardins botaniques et des ouvrages descriptifs. Elles ont été, pour ainsi dire, inscrites avec l'acte de naissance qu'elles possèdent dans la plupart des collections ou des livres. Mais toutes les fois que ces dénominations sont erronées, elles sont rectifiées, conformément aux données les plus récentes de la science française, dans la portion du livre où se trouvent exposés les principaux caractères des espèces.

On ne saurait trop conseiller aux personnes qui veulent acquérir une connaissance exacte de nos plantes indigènes, de ne pas se borner à les étudier dans les plates-bandes d'un jardin botanique, mais encore d'herboriser dans la campagne, pour les y observer dans l'état de nature et en dehors des modifications que peut leur imprimer la culture.

(Avril 1883.)

Par arrêté du Ministre de l'Instruction publique, en date du 16 mai 1877, le jardin botanique de la Faculté est ouvert du 15 mars au 1er novembre, sauf les dimanches et fêtes, de 6 heures du matin à 6 heures du soir.

Les étudiants en médecine y sont admis sur la présentation de leur carte que les jardiniers ont le droit d'exiger.

LISTE

PAR NUMÉROS D'ORDRE

DES PLANTES CULTIVÉES

DANS L'ÉCOLE DE BOTANIQUE

DE LA FACULTÉ DE MÉDECINE DE PARIS

1. *Atropa Belladona.*
2. *Digitalis purpurea.*
3. *Aconitum Napellus.*
4. *Colchicum autumnale.*
5. *Cinchona officinalis.*
6. *Uragoga Ipecacuanha.*
7. *Gentiana lutea.*
8. *Conium maculatum.*
9. *Æthusa Cynapium.*
10. *Juniperus Sabina.*
11. *Solanum Dulcamara.*
12. *Cynara Scolymus.*
13. *Cynara Carduncellus.*
14. *Brassica nigra.*
15. *Brassica alba.*
16. *Scilla maritima.*
17. *Polygonum Bistorta.*
18. *Rheum officinale.*
19. *Rheum palmatum.*
20. *Physostigma venenosum.*
21. *Daphne Mezereum.*
22. *Rumex Patientia.*
23. *Symphytum officinale.*
24. *Anacyclus Pyrethrum.*
25. *Arnica montana.*
26. *Theobroma Cacao.*
27. *Menyanthes trifoliata.*
28. *Vinca minor.*
29. *Vinca major.*
30. *Nerium Oleander.*
31. *Solanum nigrum.*
32. *Styrax officinale.*
33. *Capsicum annuum.*
34. *Scrofularia nodosa.*
35. *Scrofularia aquatica.*
36. *Gratiola officinalis.*
37. *Magnolia glauca.*
38. *Magnolia Soulangeana.*
39. *Magnolia Yulan.*
40. *Magnolia Figo.*

41. *Candollea cuneiformis.*
42. *Aquilegia vulgaris.*
43. *Helleborus fœtidus.*
44. *Helleborus niger.*
45. *Helleborus orientalis.*
46. *Helleborus viridis.*
47. *Helleborus hiemalis.*
48. *Helleborus odorus.*
49. *Aconitum Anthora.*
50. *Aconitum Lycoclo-num.*
51. *Ranunculus Flammu-la.*
52. *Ranunculus Lingua.*
53. *Ranunculus Thora.*
54. *Ranunculus grami-neus.*
55. *Ranunculus acris.*
56. *Ranunculus bulbosus.*
57. *Ranunculus sceleratus.*
58. *Ranunculus aquatilis.*
59. *Actæa spicata.*
60. *Actæa racemosa.*
61. *Actæa Cimicifuga.*
62. *Xanthorhiza apiifolia.*
63. *Nigella arvensis.*
64. *Nigella sativa.*
65. *Nigella hispanica.*
66. *Nigella damascena.*
67. *Trollius europæus.*
68. *Caltha palustris.*
69. *Actinidia Kolomikta.*
70. *Drimys Winteri.*
71. *Hibbertia volubilis.*
72. *Illicium anisatum.*
73. *Illicium parviflorum.*
74. *Illicium floridanum.*
75. *Clematis Vitalba.*
76. *Clematis montana.*
77. *Quassia amara.*
78. *Clematis recta.*
79. *Magnolia grandiflora.*
80. *Magnolia purpurea.*
81. *Magnolia acuminata.*
82. *Uvaria triloba.*
83. *Anona Cherimolia.*
84. *Eupomatia laurina.*
85. *Eupomatia Bennettii.*
86. *Calycanthus floridus.*
87. *Calycanthus occidenta-lis.*
88. *Chimonanthus præcox.*
89. *Peumus Boldus.*
90. *Hedycarya arborea.*
91. *Rosa centifolia.*
92. *Rosa damascœna.*
93. *Rosa villosa.*
94. *Cydonia vulgaris.*
95. *Peucedanum officinale.*
96. *Gillenia trifoliata.*
97. *Rosa gallica.*
98. *Rosa rubiginosa.*
99. *Agrimonia Eupatoria.*
100. *Alchemilla vulgaris.*
101. *Geum urbanum.*
102. *Rubus fruticosus.*
103. *Fragaria vesca.*
104. *Potentilla Tormentilla.*

105. *Potentilla anserina*.
106. *Potentilla nepalensis*.
107. *Potentilla recta*.
108. *Potentilla reptans*.
109. *Rubus idœus*.
110. *Prunus spinosa*.
111. *Prunus avium*.
112. *Prunus domestica*.
113. *Spiræa sorbifolia*.
114. *Ilex Aquifolium*.
115. *Syringa vulgaris*.
116. *Syringa persica*.
117. *Syringa Emodi*.
118. *Syringa Josikæa*.
119. *Buxus balearica*.
120. *Buxus sempervirens*.
121. *Rhamnus catharticus*.
122. *Rhamnus Alaternus*.
123. *Rhamnus Frangula*.
124. *Rhamnus infectorius*.
125. *Paliurus australis*.
126. *Hedera Helix*.
127. *Papaver somniferum album*.
128. *Papaver somniferum nigrum*.
129. *Vaccinium Myrtillus*.
130. *Berberidopsis coralli-na*.
131. *Pistacia vera*.
132. *Hedera Helix*.
133. *Pistacia Terebinthus*.
134. *Staphylea pinnata*.
135. *Staphylea trifoliata*.

136. *Linum usitatissimum*.
137. *Linum grandiflorum*.
138. *Linum catharticum*.
139. *Vitis vinifera*.
140. *Tulipa sylvestris*.
141. *Crocus sativus*.
142. *Crocus vernus*.
143. *Amomum Cardamo-mum*.
144. *Petunia violacea*.
145. *Petunia nyctaginiflora*.
146. *Pirola minor*.
147. *Pirola rotundifolia*.
148. *Hamamelis virginica*.
149. *Pachysandra procum-bens*.
150. *Sarcococca prunifor-mis*.
151. *Hydrocotyle vulgaris*.
152. *Sarothamnus scopa-rius*.
153. *Trigonella Fœnum-græcum*.
154. *Glycyrrhiza glabra*.
155. *Glycyrrhiza echinata*.
156. *Arachis hypogœa*.
157. *Toluifera Balsamum*.
158. *Cæsalpinia Bonduc*.
159. *Hæmatoxylon campe-chianum*.
160. *Anagyris fœtida*.
161. *Copaifera officinalis*.
162. *Prunus Amygdalus dulcis*.

163. *Prunus Amygdalus amara.*
164. *Erythræa Centaurium.*
165. *Prunus virginiana.*
166. *Prunus Lauro-Cerasus.*
167. *Liquidambar orientalis.*
168. *Pimenta acris.*
169. *Punica Granatum.*
170. *Ecbalium Elaterium.*
171. *Carum Carvi.*
172. *Inula Helenium.*
173. *Artemisia Absinthium.*
174. *Pilocarpus pennalifolius.*
175. *Picræna excelsa.*
176. *Ochna capensis.*
177. *Taraxacum officinale.*
178. *Lactuca virosa.*
179. *Lactuca sativa.*
180. *Lactuca Scariola.*
181. *Lobelia urens.*
182. *Lobelia inflata.*
183. *Campanula Rapunculus.*
184. *Campanula pyramidalis.*
185. *Campanula Medium.*
186. *Ornus europæa.*
187. *Fraxinus excelsior.*
188. *Olea europæa.*
189. *Gentiana acaulis.*
190. *Gentiana asclepiadea.*

191. *Gentiana cruciata.*
192. *Hippuris vulgaris.*
193. *Trapa natans.*
194. *Hibiscus syriacus.*
195. *Hibiscus Trionum.*
196. *Hibiscus militaris.*
197. *Hibiscus Rosa sinensis.*
198. *Hibiscus Abelmoschus.*
199. *Idesia polycarpa.*
200. *Tilia platyphylla.*
201. *Tilia argentea.*
202. *Rhus radicans.*
203. *Rhus Toxicodendron.*
204. *Rhus succedaneum.*
205. *Rhus Cotinus.*
206. *Impatiens Balsamina.*
207. *Impatiens Royleana.*
208. *Geranium pratense.*
209. *Geranium sanguineum.*
210. *Geranium maculatum.*
211. *Euphorbia hypericifolia.*
212. *Euphorbia sylvatica.*
213. *Euphorbia Characias.*
214. *Euphorbia Lathyris.*
215. *Euphorbia orientalis.*
216. *Mercurialis annua.*
217. *Mercurialis perennis.*
218. *Phyllanthus Niruri.*
219. *Garrya elliptica.*
220. *Helwingia rusciflora.*
221. *Forsythia viridissima.*
222. *Forsythia suspensa.*
223. *Asperula cynanchica.*

224. *Asperula odorata.*
225. *Asperula tinctoria.*
226. *Phyllis Nobla.*
227. *Cephalanthus occidentalis.*
228. *Jasminum officinale.*
229. *Jasminum nudiflorum.*
230. *Papaver Rhœas.*
231. *Papaver dubium.*
232. *Papaver Argemone.*
233. *Papaver croceum.*
234. *Papaver orientale.*
235. *Papaver bracteatum.*
236. *Argemone mexicana.*
237. *Argemone grandiflora.*
238. *Argemone ochroleuca.*
239. *Bocconia cordata*
240. *Reseda lutea.*
241. *Reseda luteola.*
242. *Reseda odorata.*
243. *Capparis spinosa.*
244. *Artemisia camphorata.*
245. *Coronilla montana.*
246. *Hypecoum grandiflorum.*
247. *Hypecoum procumbens.*
248. *Fumaria officinalis.*
249. *Fumaria spicata.*
250. *Fumaria parviflora.*
251. *Fumaria capreolata.*
252. *Corydalis nobilis.*
253. *Corydalis bulbosa.*
254. *Corydalis lutea.*
255. *Dicentra formosa.*

256. *Dicentra spectabilis.*
257. *Chelidonium majus.*
258. *Glaucium fulvum.*
259. *Glaucium flavum.*
260. *Eschscholtzia californica.*
261. *Eschscholtzia fumariæfolia.*
262. *Sanguinaria canadensis.*
263. *Rœmeria refracta.*
264. *Rœmeria hybrida.*
265. *Reseda alba.*
266. *Rheum undulatum.*
267. *Rheum Rhaponticum.*
268. *Rheum compactum.*
269. *Rheum rugosum.*
270. *Rheum Ribes.*
271. *Senecio sibirica.*
272. *Rheum hybridum.*
273. *Jasminum fruticans.*
274. *Rumex Hydrolapathum.*
275. *Rumex acetosa.*
276. *Rumex Acetosella.*
277. *Rumex sanguineus.*
278. *Spinacia oleracea.*
279. *Xanthosoma violaceum.*
280. *Chenopodium Vulvaria.*
281. *Chenopodium Quinoa.*
282. *Blitum Bonus-Henricus.*

283. *Beta Cicla*.
284. *Beta vulgaris*.
285. *Suæda fruticosa*.
286. *Chenopodium album*.
287. *Hablitzia tamnoides*.
288. *Vincetoxicum officinale*.
289. *Polygonum Fagopyrum*.
290. *Polygonum orientale*.
291. *Canella alba*.
292. *Polygonum amphibium*.
293. *Polygonum cuspidatum*.
294. *Thesium humifusum*.
295. *Boussingaultia baselloides*.
296. *Basella alba*.
297. *Basella rubra*.
298. *Phytolacca decandra*.
299. *Mirabilis Jalapa*.
300. *Tetragonia expansa*.
301. *Portulaca oleracea*.
302. *Portulaca grandiflora*.
303. *Telephium Imperati*.
304. *Asarum canadense*.
305. *Asarum europæum*.
306. *Tamarix indica*.
307. *Astragalus monspessulanus*.
308. *Myricaria germanica*.
309. *Viola altaica*.
310. *Viola odorata*.
311. *Viola odorata alba*.
312. *Viola tricolor arvensis*.
313. *Viola tricolor hortensis*.
314. *Salix babylonica*.
315. *Daucus Carota*.
316. *Archangelica officinalis*.
317. *Angelica sylvestris*.
318. *Levisticum officinale*.
319. *Smyrnium Olusatrum*.
320. *Athamantha cretensis*.
321. *Meum athamanthicum*.
322. *Seseli glaucum*.
323. *Seseli gummiferum*.
324. *Coriandrum sativum*.
325. *Thapsia garganica*.
326. *Thapsia villosa*.
327. *Phyteuma spicatum*.
328. *Heracleum persicum*.
329. *Fœniculum vulgare*.
330. *Fœniculum dulce*.
331. *Crithmum maritimum*.
332. *Eryngium campestre*.
333. *Sanicula europæa*.
334. *Astrantia major*.
335. *Campanula rapunculoides*.
336. *Bupleurum falcatum*.
337. *Bupleurum fruticosum*.
338. *Pastinaca sativa*.
339. *Ferula communis*.

340. *Ferula tingitana*.
341. *Opopanax Chironium*.
342. *Hyosciamus niger*.
343. *Hyosciamus albus*.
344. *Datura Stramonium*.
345. *Datura lævis*.
346. *Datura Metel*.
347. *Datura Tatula*.
348. *Datura arborea*.
349. *Solandra grandiflora*.
350. *Solanum pseudo-Capsicum*.
351. *Campanula persicifolia*.
352. *Solanum tuberosum*.
353. *Diphylleia cymosa*.
354. *Solanum esculentum*.
355. *Pœderia fœtida*.
356. *Serissa fœtida*.
357. *Physalis Alkekengi*.
358. *Nicandra physaloides*.
359. *Scopolia carniolica*.
360. *Nicotiana glauca*.
361. *Nicotiana rustica*.
362. *Nicotiana Tabacum*.
363. *Specularia Speculum*.
364. *Platycodon grandiflorum*.
365. *Fabiana imbricata*.
366. *Solanum jasminoides*.
367. *Verbascum Thapsus*.
368. *Sambucus Ebulus*.
369. *Sambucus nigra*.
370. *Sambucus racemosa*.
371. *Adoxa Moschatellina*.
372. *Viburnum Tinus*.
373. *Viburnum Lantana*.
374. *Diervilla rosea*.
375. *Diervilla lutea*.
376. *Leycesteria formosa*.
377. *Abelia rupestris*.
378. *Viburnum Opulus*.
379. *Lonicera Caprifolium*.
380. *Ruscus aculeatus*.
381. *Ruscus racemosus*.
382. *Convallaria majalis*.
383. *Asparagus officinalis*.
384. *Lycium barbarum*.
385. *Maianthemum bifolium*.
386. *Polygonatum vulgare*.
387. *Polygonatum multiflorum*.
388. *Asphodelus luteus*.
389. *Asphodelus ramosus*.
390. *Phormium tenax*.
391. *Allium Porrum*.
392. *Allium Cepa*.
393. *Allium Moly*.
394. *Allium sativum*.
395. *Allium ursinum*.
396. *Narcissus poeticus*.
397. *Veratrum album*.
398. *Veratrum nigrum*.
399. *Veratrum viride*.
400. *Fritillaria imperialis*.
401. *Fritillaria Meleagris*.
402. *Fritillaria persica*.

403. *Tripsacum dactyloides.*
404. *Iris florentina.*
405. *Iris germanica.*
406. *Iris Pseudo-Acorus.*
407. *Iris fœtidissima.*
408. *Iris Xyphium.*
409. *Iris xyphioides.*
410. *Lobelia Erinus.*
411. *Lobelia syphilitica.*
412. *Lobelia cardinalis.*
413. *Alisma Plantago.*
414. *Alisma ranunculoides.*
415. *Sagittaria sagittæfolia.*
416. *Sparganium ramosum.*
417. *Hydrocharis Morsus-ranæ.*
418. *Zygophyllum Fabago.*
419. *Flœrkea Douglasii.*
420. *Flœrkea alba.*
421. *Peganum Harmala.*
422. *Coriaria myrtifolia.*
423. *Ruta graveolens.*
424. *Lycopersicum esculentum.*
425. *Choisya ternata.*
426. *Ptelea trifoliata.*
427. *Zanthoxylon fraxineum.*
428. *Nitraria Schoberi.*
429. *Tribulus terrestris.*
430. *Guaiacum officinale.*
431. *Guaiacum hygrometricum.*
432. *Cneorum tricoccum.*
433. *Skimmia Laureola.*
434. *Skimmia japonica.*
435. *Citrus Aurantium.*
436. *Citrus Bigaradia.*
437. *Citrus medica.*
438. *Citrus Limonum.*
439. *Citrus trifoliata.*
440. *Castanea vulgaris.*
441. *Parrotia persica.*
442. *Myrica Gale.*
443. *Myrica cerifera.*
444. *Quercus Robur.*
445. *Euphorbia resinifera.*
446. *Corylus Avellana.*
447. *Carpinus Betulus.*
448. *Betula alba.*
449. *Alnus glutinosa.*
450. *Alnus cordifolia.*
451. *Juniperus communis.*
452. *Delphinium peregrinum.*
453. *Juniperus prostrata.*
454. *Gingko biloba.*
455. *Taxus baccata.*
456. *Cotoneaster affinis.*
457. *Cotoneaster nepalensis.*
458. *Cotoneaster buxifolia.*
459. *Cotoneaster microphylla.*
460. *Lycium europœum.*
461. *Pyrus communis.*
462. *Bryonia dioica.*

463. Dolichos lunatus.
464. Saponaria officinalis.
465. Delphinium Ajacis.
466. Delphinium Consolida
467. Delphinium Staphisa-
    gria.
468. Aconitum japonicum.
469. Delphinium grandiflo-
    rum.
470. Delphinium ornatum.
471. Anemone alba.
472. Ricinus communis.
473. Corylopsis spicata.
474. Evonymus japonicus.
475. Evonymus europæus.
476. Anemone virginiana.
477. Rhamnus oleifolius.
478. Photinia serrulata.
479. Prunus Susquehana.
480. Prunus Cerasus.
481. Rosa polyantha.
482. Spiræa Aruncus.
483. Spiræa Lindleyana.
484. Pyrus Sorbus.
485. Spiræa Ulmaria.
486. Spiræa lanceolata.
487. Spiræa lævigata.
488. Acacia arabica.
489. Pæonia corallina.
490. Pæonia officinalis.
491. Pæonia Moutan.
492. Pæonia anomala.
493. Pæonia tenuifolia.
494. Cistus creticus.

495. Cistus ladaniferus.
496. Helianthemum vulgare.
497. Helianthemum Fuma-
    na.
498. Rubia tinctorum.
499. Cinchona Calisaya.
500. Cinchona succirubra.
501. Diospyros Lotus.
502. Diospyros Kaki.
503. Lonicera fragrantis-
    sima.
504. Santolina Chamæcypa-
    rissus.
505. Helianthus annuus.
506. Helianthus tuberosus.
507. Scabiosa atropurpu-
    rea.
508. Scabiosa succisa.
509. Onopordon Acanthium.
510. Echinops Ritro.
511. Echinops sphæroce-
    phalus.
512. Carthamus tinctorius.
513. Rosmarinus officina-
    lis.
514. Vitex Agnus-castus.
515. Vitex incisa.
516. Callicarpa americana.
517. Verbena officinalis.
518. Verbena Melindres.
519. Verbena bonariensis.
520. Heliotropium euro-
    pæum.

521. *Heliotropium peruvianum.*
522. *Myosotis palustris.*
523. *Myosotis alpestris.*
524. *Mentha piperita.*
525. *Mentha rotundifolia.*
526. *Mentha aquatica.*
527. *Mentha Pulegium.*
528. *Lavandula vera.*
529. *Lavandula Spica.*
530. *Lavandula Stœchas.*
531. *Lycopus europœus.*
532. *Thymus vulgaris.*
533. *Thymus Serpyllum.*
534. *Satureia montana.*
535. *Satureia hortensis.*
536. *Hyssopus officinalis.*
537. *Melissa officinalis.*
538. *Nepeta Cataria.*
539. *Nepeta hederacea.*
540. *Linaria vulgaris.*
541. *Linaria Cymbalaria.*
542. *Antirrhinum majus.*
543. *Anemone Hepatica.*
544. *Veronica Beccabunga.*
545. *Veronica officinalis.*
546. *Veronica Chamœdrys.*
547. *Veronica Teucrium.*
548. *Acanthus spinosus.*
549. *Acanthus mollis.*
550. *Erica cinerea.*
551. *Calluna vulgaris.*
552. *Malope trifida.*
553. *Kitaibelia vitifolia.*
554. *Lavatera trimestris.*
555. *Anemone nemorosa.*
556. *Linum perenne.*
557. *Adonis vernalis.*
558. *Adonis autumnalis.*
559. *Plagianthus divaricatus.*
560. *Aristotelia Maqui.*
561. *Dianthus barbatus.*
562. *Dianthus Caryophyllus.*
563. *Dianthus plumarius.*
564. *Agapanthus umbellatus.*
565. *Aloe vulgaris.*
566. *Aloe succotrina.*
567. *Aloe spicata.*
568. *Myrtus communis.*
569. *Adonis œstivalis.*
570. *Ribes rubrum.*
571. *Ribes nigrum.*
572. *Ribes Uva-crispa.*
573. *Ribes sanguineum.*
574. *Hydrangea Hortensia.*
575. *Hydrangea quercifolia.*
576. *Anemone Pulsatilla.*
577. *Erythrina Crista-galli.*
578. *Anemone coronaria.*
579. *Persea gratissima.*
580. *Laurus nobilis.*
581. *Lindera Benzoin.*
582. *Oreodaphne fœtens.*
583. *Sassafras officinalis.*
584. *Scirpus lacustris.*

585. *Scirpus sylvaticus.*
586. *Anemone stellata.*
587. *Hippophae rhamnoides.*
588. *Shepherdia canadensis.*
589. *Elæagnus augustifolia.*
590. *Elæagnus reflexa.*
591. *Spartium junceum.*
592. *Anemone japonica.*
593. *Genista tinctoria.*
594. *Lupinus luteus.*
595. *Indigofera tinctoria.*
596. *Myosurus minimus.*
597. *Colutea arborescens.*
598. *Cassia marylandica.*
599. *Astragalus glycyphyllos.*
600. *Astragalus galegiformis.*
601. *Indigofera Dosua.*
602. *Apios tuberosa.*
603. *Gymnocladus dioica.*
604. *Gymnocladus chinensis.*
605. *Sophora japonica.*
606. *Robinia hispida.*
607. *Robinia Pseudo - Acacia.*
608. *Kadsura japonica.*
609. *Euptelea polyandra.*
610. *Poa nemoralis.*
611. *Cynosurus cristatus.*
612. *Ranunculus repens.*
613. *Ranunculus Ficaria.*
614. *Ranunculus Chærophyllos.*

615. *Ranunculus auricomus.*
616. *Ranunculus asiaticus.*
617. *Ranunculus flabellatus.*
618. *Ailantus glandulosa.*
619. *Ranunculus falcatus.*
620. *Clematis balearica.*
621. *Clematis integrifolia.*
622. *Clematis tubulosa.*
623. *Thalictrum aquilegifolium.*
624. *Thalictrum flavum.*
625. *Galanthus nivalis.*
626. *Narcissus Pseudo-Narcissus.*
627. *Canna indica.*
628. *Gladiolus segetum.*
629. *Ornithogalum umbellatum.*
630. *Muscari comosum.*
631. *Ornithogalum pyrenaicum.*
632. *Hyacinthus orientalis.*
633. *Scilla nutans.*
634. *Lilium candidum.*
635. *Hemerocallis fulva.*
636. *Hemerocallis flava.*
637. *Tulipa Gesneriana.*
638. *Scilla bifolia.*
639. *Scilla peruviana.*
640. *Allium ascalonicum.*
641. *Allium fistulosum.*
642. *Allium Schœnoprasum.*
643. *Aconitum hebegynum.*
644. *Borago officinalis.*

645. *Caccinia glauca.*
646. *Stipa tenacissima.*
647. *Stipa pennata.*
648. *Oryza sativa.*
649. *Phalaris arundinacea.*
650. *Zea Mais.*
651. *Coix Lacryma.*
652. *Alopecurus pratensis.*
653. *Alopecurus genicula-tus.*
654. *Phleum pratense.*
655. *Mibora minima.*
656. *Holcus lanatus.*
657. *Anthoxanthum odora-tum.*
658. *Anthoxanthum ama-rum.*
659. *Panicum italicum.*
660. *Panicum germanicum.*
661. *Panicum miliaceum.*
662. *Panicum capillare.*
663. *Cynodon Dactylon.*
664. *Avena orientalis.*
665. *Avena sativa.*
666. *Avena elatior.*
667. *Avena sterilis.*
668. *Melica ciliata.*
669. *Briza media.*
670. *Briza maxima.*
671. *Dactylis glomerata.*
672. *Festuca elatior.*
673. *Festuca ovina.*
674. *Lolium temulentum.*
675. *Arundinaria japonica.*
676. *Bromus secalinus.*
677. *Bromus arvensis.*
678. *Bromus purgans.*
679. *Bromus lanuginosus.*
680. *Triticum vulgare.*
681. *Triticum sativum.*
682. *Triticum amyleum.*
683. *Triticum monococcum.*
684. *Triticum Spelta.*
685. *Hordeum Zeocriton.*
686. *Hordeum cœleste.*
687. *Hordeum hexastichon.*
688. *Secale cereale.*
689. *Saccharum officina-rum.*
690. *Arundo Donax.*
691. *Bambusa viridi-glau-cescens.*
692. *Bambusa aurea.*
693. *Gynerium argenteum.*
694. *Elymus arenarius.*
695. *Phalaris canadiensis.*
696. *Andropogon squarro-sum.*
697. *Pennisetum longisty-lum.*
698. *Sorghum vulgare.*
699. *Sorghum saccharatum.*
700. *Sorghum cernuum.*
701. *Sorghum halepense.*
702. *Tropœolum peregri-num.*
703. *Tropœolum majus.*
704. *Tropœolum minus.*

705. *Impatiens Noli-tangere.*
706. *Rhus glabrum.*
707. *Acanthus lusitanicus.*
708. *Malpighia punicifolia.*
709. *Amorpha fruticosa.*
710. *Polygala vulgaris.*
711. *Polygala calcarea.*
712. *Polygala oppositifolia.*
713. *Cedrela sinensis.*
714. *Accr eriocarpum.*
715. *Acer campestre.*
716. *Acer Negundo.*
717. *Æsculus macrostachyus.*
718. *Melianthus major.*
719. *Cardiospermum Halicacabum.*
720. *Kœlreuteria paniculata.*
721. *Æsculus Hippocastanum.*
722. *Cluytia pulchella.*
723. *Phyllanthus angustifolius.*
724. *Phyllanthus Cicca.*
725. *Diploglottis Cunninghami.*
726. *Nephelium Litchi.*
727. *Euphoria Longana.*
728. *Sapindus Saponaria.*
729. *Sparmannia africana.*
730. *Eriodendron anfractuosum.*
731. *Sterculia platanifolia.*

732. *Sterculia acerifolia.*
733. *Sterculia Balanghas.*
734. *Althœa rosea.*
735. *Althœa cannabina.*
736. *Althœa officinalis.*
737. *Malva Alcea.*
738. *Malva moschata.*
739. *Malva sylvestris.*
740. *Malva rotundifolia.*
741. *Malva mauritiana.*
742. *Malva crispa.*
743. *Napœa scabra.*
744. *Hibiscus esculentus.*
745. *Asclepias syriaca.*
746. *Gossypium barbadense.*
747. *Bixa Orellana.*
748. *Oncoba spinosa.*
749. *Kigyelaria africana.*
750. *Thea Sasanqua.*
751. *Thea chinensis.*
752. *Thea japonica.*
753. *Melia Azedarach.*
754. *Oxalis Deppei.*
755. *Oxalis crenata.*
756. *Oxalis Acetosella.*
757. *Oxalis corniculata.*
758. *Oxalis tetraphylla.*
759. *Oxatis valdiviana.*
760. *Oxalis rosea.*
761. *Linum trigynum.*
762. *Croton Tiglium.*
763. *Croton balsamiferum.*
764. *Jatropha Curcas.*
765. *Jatropha multifida.*

766. *Jatropha podagrica.*
767. *Euphorbia Gerardiana.*
768. *Euphorbia neriifolia.*
769. *Euphorbia canariensis.*
770. *Andrachne australis.*
771. *Securinega Leucopy-rus.*
772. *Echinus philippinensis.*
773. *Erythroxylon macro-phyllum.*
774. *Erythroxylon Coca.*
775. *Hydrocotyle bonarien-sis.*
776. *Trachymene cærulea.*
777. *Bowlesia tenera.*
778. *Pimpinella magna.*
779. *Pimpinella Anisum.*
780. *Ferula Narthex.*
781. *Laserpitium gallicum.*
782. *Peucedanum parisiense.*
783. *Astrantia minor.*
784. *Heracleum verrucosum.*
785. *Heracleum pubescens.*
786. *Anethum graveolens.*
787. *Myrrhis odorata.*
788. *Daucus gummifer.*
789. *Scandix Cerefolium.*
790. *Anthriscus sylvestris.*
791. *Chærophyllum bulbo-sum.*
792. *Beta trigyna.*
793. *Carum Bulbocastanum.*
794. *Anoda hastata.*
795. *Apium graveolens.*

796. *OEnanthe crocata.*
797. *Phellandrium aquati-cum.*
798. *Cuminum Cyminum.*
799. *Hibiscus Manihot.*
800. *Eryngium alpinum.*
801. *Hieracium murorum.*
802. *Hieracium Pilosella.*
803. *Lapsana communis.*
804. *Sonchus palustris.*
805. *Sonchus oleraceus.*
806. *Plerandra pulchella.*
807. *Lactuca perennis.*
808. *Lactuca altissima.*
809. *Lactuca oleifera.*
810. *Cichorium Endivia.*
811. *Cichorium Intybus.*
812. *Arctium Lappa.*
813. *Silybum marianum.*
814. *Cnicus benedictus.*
815. *Centaurea Cyanus.*
816. *Centaurea candidissi-ma.*
817. *Centaurea Centaurium.*
818. *Centaurea atropurpu-rea.*
819. *Centaurea ruthenica.*
820. *Centaurea Jacca.*
821. *Centaurea Calcitrapa.*
822. *Carduus crispus.*
823. *Cirsium oleraceum.*
824. *Anthemis tinctoria.*
825. *Anthemis arvensis.*
826. *Anthemis nobilis.*

827. Anthemis Cotula.
828. Matricaria inodora.
829. Matricaria Chamomilla.
830. Matricaria Parthenium.
831. Chrysanthemum Leucanthemum.
832. Artemisia Dracunculus.
833. Artemisia vulgaris.
834. Artemisia campestris.
835. Tanacetum vulgare.
836. Doronicum pardalianches.
837. Calendula arvensis.
838. Calendula officinalis.
839. Eupatorium cannabinum.
840. Tussilago Farfara.
841. Bellis perennis.
842. Inula dysenterica.
843. Spigelia marylandica.
844. Xanthium spinosum.
845. Zinnia elegans.
846. Coreopsis tinctoria.
847. Dahlia coccinea.
848. Lupinus esculentus.
849. Lupinus mutabilis.
850. Spilanthes oleracea.
851. Tagetes erecta.
852. Tagetes patula.
853. Morina longifolia.
854. Batatas edulis.
855. Periploca græca.

856. Asclepias curassavica.
857. Polygonum Convolvulus.
858. Vinca rosea.
859. Veronica spicata.
860. Veronica excelsa.
861. Isatis tinctoria.
862. Crambe maritima.
863. Cakile maritima.
864. Hesperis matronalis.
865. Camelina sativa.
866. Arabis alpina.
867. Barbarea vulgaris.
868. Cardamine pratensis.
869. Nasturtium sylvestre.
870. Nasturtium officinale.
871. Capsella Bursa-pastoris.
872. Æthionema coridifolium.
873. Alyssum saxatile.
874. Cochlearia Armoracia.
875. Cochlearia officinalis.
876. Cochlearia danica.
877. Ledum palustre.
878. Ledum latifolium.
879. Adhatoda Vasica.
880. Ilex vomitoria.
881. Celastrus scandens.
882. Ammania Portula.
883. Epilobium hirsutum.
884. Epilobium spicatum.
885. Eucalyptus Globulus.
886. Lythrum Salicaria.

887. *OEnothera macrocarpa*
888. *OEnothera biennis.*
889. *Circæa lutetiana.*
890. *Zizyphus vulgaris.*
891. *Aubrieta deltoidea.*
892. *Lepidium sativum.*
893. *Lepidium campestre.*
894. *Lepidium latifolium.*
895. *Iberis sempervirens.*
896. *Matthiola incana.*
897. *Bunias orientalis.*
898. *Malcolmia maritima.*
899. *Sisymbrium Alliaria.*
900. *Vicia Cracca.*
901. *Vicia sativa.*
902. *Vicia Faba.*
903. *Rosa semperflorens.*
904. *Rosa Boræana.*
905. *Rosa alpina.*
906. *Rosa microphylla.*
907. *Rosa alba.*
908. *Ægopodium Podagraria.*
909. *Petroselinum sativum.*
910. *Imperatoria Ostruthium.*
911. *Cornus mas.*
912. *Pulmonaria officinalis.*
913. *Aucuba japonica.*
914. *Astilbe japonica.*
915. *Heuchera cylindrica.*
916. *Hypericum perforatum.*
917. *Hypericum calycinum.*
918. *Hypericum Androsæmum.*
919. *Hypericum hircinum.*
920. *Aralia japonica.*
921. *Aralia papyrifera.*
922. *Aralia mandshurica.*
923. *Aralia spinosa.*
924. *Aralia racemosa.*
925. *Jeffersonia diphylla.*
926. *Podophyllum peltatum.*
927. *Podophyllum Emodi.*
928. *Epimedium diphyllum.*
929. *Epimedium alpinum.*
930. *Epimedium japonicum.*
931. *Epimedium Perraldierianum.*
932. *Nandina domestica.*
933. *Akebia quinata.*
934. *Berberis Lycium.*
935. *Berberis vulgaris.*
936. *Berberis vulgaris atropurpurea.*
937. *Berberis sinensis.*
938. *Leontice Leontopetalum.*
939. *Menispermum canadense.*
940. *Cocculus laurifolius.*
941. *Cicer arietinum.*
942. *Cinnamomum zeylanicum.*
943. *Calycanthus lævigatus.*
944. *Daphne Laureola.*
945. *Daphne Cneorum.*

946. *Daphne Gnidium.*
947. *Daphne chrysantha.*
948. *Daphne pontica.*
949. *Daphne collina.*
950. *Cocculus carolinus.*
951. *Berberis repens.*
952. *Fraxinella Dictamnus.*
953. *Rhodotypus kerrioides.*
954. *Cratægus Oxyacantha.*
955. *Cratægus Pyracantha.*
956. *Correa alba.*
957. *Pelargonium zonale.*
958. *Pelargonium peltatum.*
959. *Tropæolum tuberosum.*
960. *Cerastium grandiflorum.*
961. *Itea virginica.*
962. *Ceterach officinarum.*
963. *Amsonia salicifolia.*
964. *Gentiana Pneumonanthe.*
965. *Limnanthemum nymphoides.*
966. *Skimmia oblata.*
967. *Skimmia fragrans.*
968. *Skimmia rubella.*
969. *Cuscuta europæa.*
970. *Vitis æstivalis.*
971. *Vitis cordifolia.*
972. *Vitis aconitifolia.*
973. *Eriobothria japonica.*
974. *Vitis japonica.*
975. *Vitis Alexanderi.*
976. *Ilex crenata.*

977. *Ilex microcarpa.*
978. *Ilex furcata.*
979. *Ilex latifolia.*
980. *Ilex Cassine.*
981. *Prinos glabra.*
982. *Halesia tetraptera.*
983. *Pachysandra terminalis.*
984. *Cornus alternifolia.*
985. *Cornus alba.*
986. *Cornus sanguinea.*
987. *Cornus Thelicani.*
988. *Ceanothus americanus.*
989. *Columnea scandens.*
990. *Lopezia racemosa.*
991. *Lopezia macrophylla.*
992. *Ludwigia grandiflora.*
993. *Lupinus polyphyllus.*
994. *Lupinus albus.*
995. *Ulex europæa.*
996. *Hedysarum coronarium.*
997. *Orobrychis sativa.*
998. *Melilotus officinalis.*
999. *Melilotus alba.*
1000. *Medicago sativa.*
1001. *Medicago Lupulina.*
1002. *Anthyllis Vulneraria.*
1003. *Anthyllis montana.*
1004. *Alchemilla arvensis.*
1005. *Sanguisorba Poterium.*
1006. *Sanguisorba officinalis.*
1007. *Cheiranthus Cheiri.*

1008. *Ruellia strepens.*
1009. *Lunaria biennis.*
1010. *Aristolochia Clematitis.*
1011. *Aristolochia longa.*
1012. *Aristolochia Sipho.*
1013. *Viola sylvestris.*
1014. *Viola rothomagensis.*
1015. *Viola stagnina.*
1016. *Hypericum Kalmianum.*
1017. *Hypericum quadrangulum.*
1018. *Hypericum humifusum.*
1019. *Hypericum hirsutum.*
1020. *Hypericum pulchrum.*
1021. *Spiræa Filipendula.*
1022. *Kerria japonica.*
1023. *Spiræa salicifolia.*
1024. *Geum rivale.*
1025. *Geum Waldsteinia.*
1026. *Fragaria indica.*
1027. *Fragaria chilensis.*
1028. *Viburnum cotinifolium.*
1029. *Viburnum macrocephalum.*
1030. *Prunus brigantiaca.*
1031. *Galega officinalis.*
1032. *Lathyrus odoratus.*
1033. *Lathyrus sativus.*
1034. *Lathyrus pratensis.*
1035. *Lathyrus sylvestris.*
1036. *Lathyrus latifolius.*
1037. *Faba vulgaris equina.*
1038. *Baptisia australis.*
1039. *Pisum sativum.*

1040. *Vicia sepium.*
1041. *Ervum Lens.*
1042. *Senecio vulgaris.*
1043. *Senecio paludosus.*
1044. *Antennaria dioica.*
1045. *Tussilago Petasites.*
1046. *Inula squarrosa.*
1047. *Allium nigrum.*
1048. *Lemna minor.*
1049. *Butomus umbellatus.*
1050. *Phlox setacea.*
1051. *Hydrocleis Humboldtii.*
1052. *Salvia pratensis.*
1053. *Salvia officinalis.*
1054. *Teucrium Scordium.*
1055. *Teucrium Scorodonia.*
1056. *Teucrium Chamædrys.*
1057. *Teucrium montanum.*
1058. *Ajuga reptans.*
1095. *Ajuga pyramidalis.*
1060. *Ajuga Chamæpitis.*
1061. *Ballota fœtida.*
1062. *Marrubium album.*
1063. *Lamium album.*
1064. *Lamium maculatum.*
1065. *Lamium Galeobdolon.*
1066. *Salvia Sclarea.*
1067. *Salvia Horminum.*
1068. *Leonurus Cardiaca.*
1069. *Pulmonaria angustifolia.*
1070. *Lithospermum officinale.*
1071. *Lithospermum arvense.*

1072. *Omphalodes verna.*
1073. *Onphalodes linifolia.*
1074. *Omphalodes longiflora.*
1075. *Calystegia Soldanella.*
1076. *Calystegia sepium.*
1077. *Exogonium Jalapa.*
1078. *Ipomœa purpurea.*
1079. *Convolvulus tricolor.*
1080. *Convolvulus Scammonia.*
1081. *Polemonium cœruleum.*
1082. *Polemonium reptans.*
1083. *Phlox Drummondii.*
1084. *Phlox paniculata.*
1085. *Cobœa scandens.*
1086. *Valerianella olitoria.*
1087. *Fedia Cornucopiœ.*
1088. *Centranthus ruber.*
1089. *Centranthus macrosiphon.*
1090. *Valeriana officinalis.*
1091. *Valeriana dioica.*
1092. *Valeriana Phu.*
1093. *Valeriana montana.*
1094. *Pyrethrum indicum.*
1095. *Pyrethrum sinense.*
1096. *Pyrethrum roseum.*
1097. *Glaux maritima.*
1098. *Primula acaulis.*
1099. *Primula elatior.*
1100. *Primula officinalis.*
1101. *Primula sinensis.*
1102. *Cyclamen europœum.*
1103. *Anagallis arvensis.*

1104. *Lysimachia vulgaris.*
1105. *Lysimachia Nummularia.*
1106. *Samolus Valerandi.*
1107. *Plantago major.*
1108. *Plantago media.*
1109. *Plantago lanceolata.*
1110. *Plantago Psyllium.*
1111. *Artemisia pontica.*
1112. *Artemisia Abrotanum.*
1113. *Artemisia maritima.*
1114. *Achillœa Ptarmica.*
1115. *Achillœa Millefolium.*
1116. *Sonchus arvensis.*
1117. *Lactuca muralis.*
1118. *Clethra alnifolia.*
1119. *Gaultheria procumbens.*
1120. *Rhododendron ferrugineum.*
1121. *Rhododendron hirsutum.*
1122. *Fontanesia phylliræoides.*
1123. *Mandragora vernalis.*
1124. *Helichrysum bracteatum.*
1125. *Gilia laciniata.*
1126. *Gilia capitata.*
1127. *Gilia elegans.*
1128. *Arctostaphylos Uva-Ursi.*
1129. *Collomia coccinea.*
1130. *Leiophyllum buxifolium.*

1131. *Rhododendron sinense.*
1132. *Arbutus Unedo.*
1133. *Rhododendron amœnum.*
1134. *Rhododendron canadense.*
1135. *Menziezia polifolia.*
1136. *Calamintha officinalis.*
1137. *Brunella vulgaris.*
1138. *Scutellaria Columnæ.*
1139. *Martynia lutea.*
1140. *Martynia fragrans.*
1141. *Ocimum minimum.*
1142. *Mentha viridis.*
1143. *Phlomis fruticosa.*
1144. *Mentha sylvestris.*
1145. *Mentha citriodora.*
1146. *Salvia verbenaca.*
1147. *Guizotia oleifera.*
1148. *Digitalis lutea.*
1149. *Scabiosa arvensis.*
1150. *Cephalaria procera.*
1151. *Cephalaria tartarica.*
1152. *Dipsacus fullonum.*
1153. *Dipsacus sylvestris.*
1154. *Tragopogon porrifolium.*
1155. *Tragopogon pratense.*
1156. *Scorzonera hispanica.*
1157. *Gaillardia picta.*
1158. *Lactuca crispa.*
1159. *Solidago Virga-aurea.*
1160. *Aster patulus.*
1161. *Aster simplex.*
1162. *Galatella punctata.*
1163. *Helianthus giganteus.*
1164. *Adenostyles albifrons*
1165. *Sherardia arvensis.*
1166. *Cucumis Melo.*
1167. *Iresine Herbstii.*
1168. *Prunus triloba.*
1169. *Potentilla fruticosa.*
1170. *Mirabilis longiflora.*
1171. *Persea indica.*
1172. *Cinnamomum Camphora.*
1173. *Clematis Pitcheri.*
1174. *Thalictrum fœtidum.*
1175. *Salpiglossis sinuata.*
1176. *Thalictrum minus.*
1177. *Lippia citriodora.*
1178. *Lantana Camara.*
1179. *Anchusa italica.*
1180. *Anchusa officinalis.*
1181. *Anchusa sempervirens.*
1182. *Echium vulgare.*
1183. *Lycopus arvensis.*
1184. *Scrofularia vernalis.*
1185. *Brassica tenuifolia.*
1186. *Eruca sativa.*
1187. *Cardamine Impatiens.*
1188. *Brassica oleracea.*
1189. *Brassica campestris.*
1190. *Brassica Napus.*
1191. *Brassica oleracea Caulo-rapa.*
1192. *Brassica oleracea Botrytis.*

1193. Brassica oleracea gemmifera.
1194. Brassica arvensis.
1195. Raphanus sativus.
1196. Barbarea præcox.
1197. Schizopetalum Wal-
keri.
1198. Campanula rotundifolia.
1199. Iberis umbellata.
1200. Pittosporum undulatum.
1201. Sisymbium Sophia.
1202. Draba verna.
1203. Farsetia clypeata.
1204. Bunias Erucago.
1205. Anastatica hierochuntina.
1206. Sisymbrium acutangulum.
1207. Sisymbrium strictissimum.
1208. Erysimum officinale.
1209. Vitis orientalis.
1210. Nasturtium amphibium.
1211. Lunaria rediviva.
1212. Raphanus Landra.
1213. Raphanus Raphanis-
trum.
1214. Nuphar luteum.
1215. Nymphæa alba.
1216. Saxifraga crassifolia.
1217. Saxifraga Geum.
1218. Saxifraga granulata.
1219. Cucurbita perennis.

1220. Cucurbita Pepo.
1221. Citrullus Colocynthis.
1222. Cucumis sativa.
1223. Pinus Pinaster.
1224. Pinus Laricio.
1225. Pinus australis.
1226. Pinus Tœda.
1227. Pinus Picea.
1228. Pinus sylvestris.
1229. Pinus Larix.
1230. Pinus balsamea.
1231. Pinus Abies.
1232. Asplenium Adiantum
nigrum.
1233. Araucaria imbricata.
1234. Araucaria brasiliensis.
1235. Cycas revoluta.
1236. Pinus Cedrus.
1237. Pinus Pinsapo.
1238. Cupressus sempervi-
rens.
1239. Thuya orientalis.
1240. Thuya occidentalis.
1241. Cryptomeria japonica.
1242. Phyllocladus rhomboidalis.
1243. Podocarpus sinensis.
1244. Ephedra distachya.
1245. Casuarina equisetifo-
lia.
1246. Corylus Colurna.
1247. Quercus Robur.
1248. Quercus coccifera.
1249. Quercus Ilex.

1250. *Quercus tinctoria.*
1251. *Fagus sylvatica.*
1252. *Araucaria excelsa.*
1253. *Arthrotaxis cupressifolia.*
1254. *Callitris quadrivalvis.*
1255. *Thuia gigantea.*
1256. *Juniperus virginiana.*
1257. *Cephalotaxus Fortunei.*
1258. *Torreya nucifera.*
1259. *Ephedra altissima.*
1260. *Sequoia gigantea.*
1261. *Thuyopsis dolabrata.*
1262. *Retinospora ericoides.*
1263. *Olearia Nernstii.*
1264. *Lonicera brachypoda.*
1265. *Lonicera etrusca.*
1266. *Ribes floridum.*
1267. *Excœcaria sebifera.*
1268. *Dalechampia spathulata.*
1269. *Manihot utilissima.*
1270. *Manihot carthagenensis.*
1271. *Phyllanthus grandifolius.*
1272. *Securinega ramiflora.*
1273. *Cola heterophylla.*
1274. *Hovenia dulcis.*
1275. *Evonymus latifolius.*
1276. *Catha edulis.*
1277. *Olea fragrans.*
1278. *Chionanthus virginiana.*

1279. *Asperula taurina.*
1280. *Asperula arvensis.*
1281. *Hypericum patulum.*
1282. *Viola canina.*
1283. *Clausena punctata.*
1284. *Anthyllis Barba-Jovis*
1285. *Genista sibirica.*
1286. *Cytisus decumbens.*
1287. *Dirca palustris.*
1288. *Holboellia latifolia.*
1289. *Menispermum dahuricum.*
1290. *Arabis albida.*
1291. *Thlaspi arvense.*
1292. *Blumenbachia lateritia.*
1293. *Acorus Calamus.*
1294. *Arum maculatum.*
1295. *Arum italicum.*
1296. *Calla palustris.*
1297. *Richardia œthiopica.*
1298. *Proteinophallus Rivieri.*
1299. *Asparagus verticillatus.*
1300. *Dracæna Draco.*
1301. *Dracæna terminalis.*
1302. *Globularia vulgaris.*
1303. *Prinos verticillata.*
1304. *Rhododendron indicum.*
1305. *Erica carnea.*
1306. *Andromeda calyculata.*
1307. *Magnolia Umbrella.*

1308. *Magnolia macrophylla.*
1309. *Ligustrum japonicum.*
1310. *Phillyrea latifolia.*
1311. *Chrysanthemum Bal-samita.*
1312. *Pyrethrum Tchihatche-fii.*
1313. *Pyrethrum rigidum.*
1314. *Centaurea glastifolia.*
1315. *Sperlingia carnosa.*
1316. *Melicytus ramiflorus.*
1317. *Francoa sonchifolia.*
1318. *Apocynum hypericifo-lium.*
1319. *Rondeletia odorata.*
1320. *Apocynum venetum.*
1321. *Raphiolepis ovata.*
1322. *Acer saccharinum.*
1323. *Visnea Mocanera.*
1324. *Rondeletia anomala.*
1325. *Galium boreale.*
1326. *Galium rubioides.*
1327. *Galium verum.*
1328. *Verbascum phœniceum.*
1329. *Galium Mollugo.*
1330. *Crucianella stylosa.*
1331. *Wahlenbergia hedera-cea.*
1332. *Rosa indica.*
1333. *Rosa Banksiæ.*
1334. *Rosa Rapa.*
1335. *Rubus cæsius.*
1336. *Rubus rubiginosus.*
1337. *Dissolena verticillata.*

1338. *Stellaria Holostea.*
1339. *Stellaria media.*
1340. *Lychnis sylvestris.*
1341. *Lychnis dioica.*
1342. *Lychnis chalcedonica.*
1343. *Linaria purpurea.*
1344. *Scleranthus annuus.*
1345. *Herniaria glabra.*
1346. *Pittosporum Tobira.*
1347. *Heuchera glabra.*
1348. *Tellima grandiflora.*
1349. *Leptodermis lanceola-ta.*
1350. *Nemophila insignis.*
1351. *Gladiolus gandavensis.*
1352. *Rubia peregrina.*
1353. *Psychotria undulata.*
1354. *Gelsemium sempervi-rens.*
1355. *Colletia spinosa.*
1356. *Colletia cruciata.*
1357. *Rosa canina.*
1358. *Rosa Eglanteria.*
1359. *Cuphea lanceolata.*
1360. *Cuphea pubiflora.*
1361. *Gaura Lindheimeri.*
1362. *Saxifraga umbrosa.*
1363. *Saxifraga sarmentosa.*
1364. *Saxifraga Cotyledon.*
1365. *Mentha crispa.*
1366. *Saxifraga Hueti.*
1367. *Chenopodium ambro-sioides.*
1368. *Silene maritima.*

1369. *Mentha pubescens.*
1370. *Silene pendula.*
1371. *Prunus Armeniaca.*
1372. *Prunus Persica.*
1373. *Prunus nana.*
1374. *Prunus insititia.*
1375. *Amelanchier vulgaris.*
1376. *Rosa arvensis.*
1377. *Eugenia Ugni.*
1378. *Metrosideros tomentosa.*
1379. *Diospyros virginiana.*
1380. *Phillyræa angustifolia*
1381. *Senecio mikanioides.*
1382. *Xeranthemum annuum.*
1383. *Dimorphotheca pluvialis.*
1384. *Centaurea pulchra.*
1385. *Rudbeckia laciniata.*
1386. *Silphium dissectum.*
1387. *Betonica recta.*
1388. *Betonica germanica.*
1389. *Betonica sylvestris.*
1390. *Clerodendron fœtidum.*
1391. *Clerodendron Thomsonæ.*
1392. *Celosia cristata.*
1393. *Coronopus Ruellii.*
1394. *Littorella lacustris.*
1395. *Sedum acre.*
1396. *Sedum Telephium.*
1397. *Sedum reflexum.*
1398. *Sempervivum tectorum*
1399. *Cotyledon Umbilicus.*

1400. *Lamium amplexicaul*
1401. *Lamium purpureum.*
1402. *Rhodea japonica.*
1403. *Musa Ensete.*
1404. *Musa chinensis.*
1405. *Musa paradisiaca.*
1406. *Delphinium nudicaul*
1407. *Lonicera Periclyme num.*
1408. *Lonicera Xylosteun*
1409. *Lonicera Standishii.*
1410. *Origanum vulgare.*
1411. *Origanum Majorana.*
1412. *Pogostemon Patchoul*
1413. *Phacelia grandiflora*
1414. *Phacelia congesta.*
1415. *Hydrophyllum apper diculatum.*
1416. *Myosotis sylvatica.*
1417. *Wigandia Vigieri.*
1418. *Wigandia macrophylla*
1419. *Perilla nankinensis.*
1420. *Dracocephalum molda vica.*
1421. *Zauschneria califor nica.*
1422. *Fuchsia corymbiflora*
1423. *Fuchsia fulgens.*
1424. *Fuchsia coccinea.*
1425. *Fuchsia arborescens.*
1426. *Fuchsia magellanica.*
1427. *Psidium pomiferum.*
1428. *Vitis quinquefolia.*
1429. *Royena lucida.*

1430. *Royena lycioides.*
1431. *Montanoa grandiflora.*
1432. *Cicuta virosa.*
1433. *Helosciadium inundatum.*
1434. *Ribes aureum.*
1435. *Phytolacca abyssinica.*
1436. *Bosia Jerva-mora.*
1437. *Muehlenbeckia complexa.*
1438. *Polygonum chinense.*
1439. *Polygonum tinctorium.*
1440. *Polygonum Persicaria.*
1441. *Polygonum Hydropiper.*
1442. *Deutzia scabra.*
1443. *Deutzia gracilis.*
1444. *Carissa bispinosa.*
1485. *Amarantus caudatus.*
1446. *Amarantus speciosus.*
1447. *Amarantus melancholicus.*
1484. *Chenopodium Botrys.*
1449. *Salsola Soda.*
1450. *Phyteuma limonifolium.*
1451. *Escallonia floribunda.*
1452. *Pelargonium capitatum.*
1453. *Ruta divaricata*
1454. *Phaseolus vulgaris.*
1455. *Phaseolus multiflorus.*
1456. *Dolichos Lablab.*
1457. *Glycine hispida.*
1458. *Halimodendron halodendron.*

1459. *Lathyrus vernus.*
1460. *Lathyrus niger.*
1461. *Schotia speciosa.*
1462. *Sophora chilensis.*
1463. *Cytisus Laburnum.*
1464. *Ceratonia Siliqua.*
1465. *Liquidambar styraciflua.*
1466. *Lantana Sellowiana.*
1467. *Iva xanthifolia.*
1468 *Citharexylum quadrangulare.*
1469. *Jasminum azoricum.*
1470. *Jasminum simplicifolium.*
1471. *Cipadessa malleoides.*
1472. *Corynocarpus lævigatus.*
1473. *Cornus florida.*
1474. *Schinus Molle.*
1475. *Platystemon californicum.*
1476. *Limonia madagascariensis.*
1477. *Bignonia Unguis.*
1478. *Tecoma grandiflora.*
1479. *Tecoma jasminoides.*
1480 *Tecoma capensis.*
1481. *Tecoma radicans.*
1482. *Catalpa bignonioides.*
1483. *Eccremocarpus scaber.*
1484. *Gesneria grandis.*
1485. *Schizanthus pinnatus.*
1486. *Patrinia intermedia.*

1487. *Bonplandia gemini-flora.*
1488. *Veronica arvensis.*
1489. *Cerinthe minor.*
1490. *Salvia splendens.*
1491. *Scolymus hispanicus.*
1492. *Thladiantha dubia.*
1493. *Ulmus campestris.*
1494. *Ulmus fulva.*
1495. *Aquilegia chrysantha.*
1496. *Clematis Viticella.*
1497. *Ranunculus aconiti-folius.*
1498. *Ranunculus arvensis.*
1499. *Phlomis agraria.*
1500. *Phlomis tuberosa.*
1501. *Phlomis Russelliana.*
1502. *Betonica officinalis.*
1503. *Ficus elastica.*
1504. *Ficus religiosa.*
1505. *Ficus Carica.*
1506. *Morus alba.*
1507. *Morus nigra.*
1508. *Broussonetia papyri-fera.*
1509. *Parietaria officinalis.*
1510. *Cannabis sativa.*
1511. *Humulus Lupulus.*
1512. *Celtis australis.*
1513. *Tournesolia tinctoria.*
1514. *Bœhmeria nivea.*
1515. *Urtica dioica.*
1516. *Urtica urens.*
1517. *Dorstenia Contrayerva.*

1518. *Polystichum Filix-mas*
1519. *Pteris aquilina.*
1520. *Polypodium vulgare.*
1521. *Adiantum Capillus-Veneris.*
1522. *Adiantum pedatum.*
1523. *Blechnum Spicant.*
1524. *Osmunda regalis.*
1525. *Ophioglossum vulgatum*
1526. *Sanguisorba canadensis.*
1527. *Juglans regia.*
1528. *Ervum Ervilia.*
1529. *Agrimonia repens.*
1530. *Grevillea robusta.*
1531. *Andripetalum terni-folium.*
1532. *Rhododendron ponti-cum.*
1533. *Rhododendron arbo-reum.*
1534. *Pyrus Aria.*
1535. *Pæonia albiflora.*
1536. *Ruscus Hypophyllum.*
1537. *Yucca gloriosa.*
1538. *Yucca filamentosa.*
1539. *Yucca flaccida.*
1540. *Eremostachys iberica.*
1541. *Betonica lanata.*
1542. *Aspidistra elatior.*
1543. *Smilax medica.*
1544. *Smilax aspera.*
1545. *Smilax mauritanica.*
1546. *Smilax excelsa.*

1547. *Chrysanthemum fru-tescens.*
1548. *Chrysanthemum tana-cetifolium.*
1549. *Chrysanthemum cari-natum.*
1550. *Achillea Ageratum.*
1551. *Achillea filipendulina.*
1552. *Siphocampylus bicolor.*
1553. *Ranunculus lanugino-sus.*
1554. *Berberis japonica.*
1555. *Berberis Fortunei.*
1556. *Lychnis oculata.*
1557. *Phlomis Herba-venti.*
1558. *Andromeda polifolia.*
1559. *Arctotis lævis.*
1560. *Scopolia orientalis.*
1561. *Pernettya mucronata.*
1562. *Achillea ægyptiaca.*
1563. *Dioscorea Batatas.*
1564. *Geranium platypeta-lum.*
1565. *Erodium cicutarium.*
1566. *Spergula arvensis.*
1567. *Lychnis Flos-Cuculi.*
1568. *Lychnis Githago.*
1569. *Alangium begonifolium.*
1570. *Gleditschia triacanthos.*
1571. *Acacia melanoxylon.*
1572. *Acacia dealbata.*
1573. *Prosopis strombulifera.*
1574. *Prunus Mahaleb.*
1575. *Prunus Padus.*
1576. *Æsculus californica.*
1577. *Nicotiana noctiflora.*
1578. *Solanum glutinosum.*
1579. *Cestrum Parqui.*
1580. *Neillia opulifolia.*
1581. *Thermopsis nepalensis.*
1582. *Zingiber officinale.*
1583. *Hedychium Gardneri.*
1584. *Alpinia nutans.*
1585. *Agave americana.*
1586. *Narcissus odorus.*
1587. *Lilium bulbiferum.*
1588. *Cyperus alternifolius.*
1589. *Cyperus Papyrus.*
1590. *Carex arenaria.*
1591. *Eriophorum polysta-chyum.*
1592. *Cyperus esculentus.*
1593. *Ligustrum vulgare.*
1594. *Aralia pentaphylla.*
1595. *Heptapleurum terebin-thaceum.*
1596. *Plumbago Larpentæ.*
1597. *Thunbergia alata.*
1598. *Burchellia capensis.*
1599. *Maranta arundinacea.*
1600. *Chiococca racemosa.*
1601. *Collinsia bicolor.*
1602. *Collinsia grandiflora.*
1603. *Aralia aculeata.*
1604. *Heteromorpha arbores-cens*
1605. *Ammi majus.*
1606. *Garrya Fadyenii.*

1607. *Impatiens parviflora.*
1608. *Rhus typhinum.*
1609. *Mesembryanthemum multiflorum.*
1610. *Mesembryanthemum cristallinum.*
1611. *Oxybaphus viscosus.*
1612. *Jasminum chrysanthum.*
1613. *Jasminum pubigerum.*
1614. *Lonicera chinensis.*
1615. *Croton tomentosum.*
1616. *Excæcaria indica.*
1617. *Rhododendron ledifolium.*
1618. *Kalmia glauca.*
1619. *Veronica salicifolia.*
1620. *Veronica speciosa.*
1621. *Martynia annua.*
1622. *Cestrum fasciculatum.*
1623. *Virecta carnea.*
1624. *Cestrum aurantiacum.*
1625. *Thalictrum glaucum.*
1626. *Thalictrum sylvaticum.*
1627. *Thalictrum purpureum.*
1628. *Thalictrum majus.*
1629. *Erigeron canadense.*
1630. *Ambrosia trifida.*
1631. *Monarda didyma.*
1632. *Celsia orientalis.*
1633. *Abutilon striatum.*
1634. *Melochia pyramidata.*
1635. *Origanum humile.*
1636. *Sium latifolium.*

1637. *Brassica Rapa.*
1638. *Matthiola græca.*
1639. *Cucubalus bacciferus.*
1640. *Cistus incanus.*
1641. *Cistus salvifolius.*
1642. *Acorus gramineus.*
1643. *Acalypha phleoides.*
1644. *Myoporum parviflorum.*
1645. *Podachænium eminens.*
1646. *Ageratum cæruleum.*
1647. *Linaria minor.*
1648. *Cyperus longus.*
1649. *Arundo Phragmites.*
1650. *Helenium californicum.*
1651. *Aster macrophyllus.*
1652. *Verbascum nigrum.*
1653. *Verbascum Blattaria.*
1654. *Globularia Alypum.*
1655. *Isolepis gracilis.*
1656. *Coleus Blumei.*
1657. *Bumelia lycioides.*
1658. *Ligustrum nepalense.*
1659. *Bumelia salicifolia.*
1660. *Corydalis ochroleuca.*
1661. *Carex maxima.*
1662. *Juncus conglomeratus.*
1663. *Senecio elegans.*
1664. *Hyacinthus serotinus.*
1665. *Scilla campanulata.*
1666. *Aloe frutescens.*
1667. *Aloe linguiformis.*
1668. *Asprella hystrix.*
1669. *Penicillaria spicata.*
1670. *Physostegia virginiana.*

1671. *Geranium Robertianum.*
1672. *Cornus paniculata.*
1673. *Eutoca viscida.*
1674. *Opuntia vulgaris.*
1675. *Bignonia capreolata.*
1676. *Brassica oleracea sa-*
bellica.
1677. *Eupatorium triplinerve.*
1678. *Polygonum scandens.*
1679. *Richardsonia scabra.*
1680. *Spermacoce tenuior.*
1681. *Olea laurifolia.*
1682. *Cleome pentaphylla.*
1683. *Sambucus pubens.*
1684. *Sambucus canadensis.*
1685. *Clintonia elegans.*
1686. *Crucianella angustifo-*
lia.
1687. *Goodenia ovata.*
1688. *Trachelium cæruleum.*
1689. *Canarina campanulata.*
1690. *Erigeron mucronatum.*
1691. *Withania origanifolia.*
1692. *Bouvardia Jacquini.*
1693. *Symphoricarpos race-*
mosa.
1694. *Coffea arabica.*
1695. *Maurandia Barclayana.*
1696. *Duranta Plumieri.*
1697. *Symphoricarpos vul-*
garis.
1698. *Convolvulus arvensis.*
1699. *Lotus tetragonolobus.*
1700. *Lotus corniculatus.*

1701. *Cynoglossum officinale.*
1702. *Symphytum tauricum.*
1703. *Symphytum asperri-*
mum.
1703. *Tournefortia heliotro-*
pioides.
1705. *Colocasia antiquorum.*
1706. *Alocasia odorata.*
1707. *Althæa taurinensis.*
1709. *Zanthoxylum piperi-*
tum.
1710. *Solanum glaucophyl-*
lum.
1711. *Solanum aureum.*
1712. *Solanum marginatum.*
1713. *Athamantha sicula.*
1714. *Lagoecia cuminoides.*
1715. *Eryngium eburneum.*
1716. *Gypsophila paniculata.*
1717. *Alchornea ilicifolia.*
1718. *Hermannia scabra.*
1719. *Lavatera thuringiaca.*
1720. *Napæa lævis.*
1721. *Ilex paraguaiensis.*
1722. *Genista purgans.*
1723. *Calystegia pubescens.*
1724. *Dipsacus laciniatus.*
1725. *Dipsacus pilosus.*
1726. *Dipsacus azureus.*
1727. *Viola cornuta.*
1728. *Viola cucullata.*
1729. *Strychnos Nux-vomica.*
1730. *Plumeria rosea.*

2.

1731. Gomphocarpus arborescens.
1732. Passiflora cœrulea.
1733. Clematis orientalis.
1734. Marsdenia erecta.
1735. Vicia narbonensis.
1736. Dorycnium hirsutum.
1737. Cassia Fistula.
1738. Cassia acutifolia.
1739. Cassia corymbosa.
1740. Cassia falcata.
1741. Jasminum humile.
1742. Jasminum odoratissimum.
1743. Jasminum revolutum.
1744. Erica tetralix.
1745. Erica mediterranea.
1746. Scrofularia luridifolia.
1747. Veronica hederæfolia.
1748. Veronica gentianoides.
1749. Veronica orientalis.
1750. Lonicera cœrulea.
1751. Lonicera tatarica.
1752. Lonicera alpigena.
1753. Lonicera caucasica.
1754. Lonicera pyrenaica.
1755. Calceolaria rugosa.
1756. Paronychia serpyllifolia.
1757. Muehlenbeckia platyclada.
1758. Jacaranda mimosæfolia.
1759. Linaria spuria.
1760. Vanilla planifolia.

1761. Cypripedium insigne.
1762. Orchis militaris.
1763. Orchis Morio.
1764. Orchis mascula.
1765. Orchis bifolia.
1766. Neottia ovata.
1767. Ophrys aranifera.
1768. Heracleum Sphondy-
lium.
1769. Scolopendrium officinarum.
1770. Hyosciamus pallidus.
1771. Bidens bipinnata.
1772. Rubia Aparine.
1773. Baccharis halimifolia.
1774. Buddleia Lindleyana.
1775. Paulownia tomentosa.
1776. Pentstemon Digitalis.
1777. Sesamum indicum.
1778. Raphanus niger.
1779. Zenobia speciosa.
1780. Kalmia angustifolia.
1781. Duboisia myoporoides.
1782. Psoralea bituminosa.
1783. Platanus vulgaris.
1784. Cladrastis tinctoria.
1785. Ononis spinosa.
1786. Mesembryanthemum
edule.
1787. Cereus peruvianus.
1788. Epiphyllum truncatum.
1789. Eryngium maritimum.
1790. Eryngium amethys-
tinum.

1791. *Peucedanum Ammonia-*
    cum.
1792. *Peucedanum allia -*
    ceum.
1793. *Peucedanum Asa-fœtida.*
1794. *Tamus communis.*
1795. *Rhamnus castaneifolius.*
1796. *Cratægus germanica.*
1797. *Halesia hispida.*
1798. *Campanula carpathica.*
1799. *Campanula cœspitosa.*
1800. *Campanula grandis.*
1801. *Viburnum capense.*
1802. *Ligustrum lucidum.*
1803. *Vernonia eminens.*
1804. *Vernonia anthelmin-*
    thica.
1805. *Solidago canadensis.*
1806. *Flaveria Contrayerva.*
1807. *Artemisia annua.*
1808. *Scabiosa palæstina.*
1809. *Scabiosa parnassica.*
1810. *Scabiosa columbaria.*
1811. *Asparagus amarus.*
1812. *Smilax officinalis.*
1813. *Dracunculus vulgaris.*
1814. *Alstrœmeria Ligtu.*
1815. *Sabal Adansonii.*
1816. *Phœnix dactylifera.*
1817. *Melaleuca Leucaden-*
    dron.
1818. *Eucalyptus amygda-*
    lina.
1819. *Ceanothus azureus.*

1820. *Viola Prionantha.*
1821. *Veronica virginica.*
1822. *Anamirta Cocculus.*
1823. *Cissampelos Pareira.*
1824. *Zizyphus Jujuba.*
1825. *Hibiscus roseus.*
1826. *Hibiscus palustris.*
1827. *Vitis amurensis.*
1828. *Vitis Labrusca.*
1829. *Grewia occidentalis.*
1830. *Barosma crenatam.*
1831. *Thermopsis fabacea.*
1832. *Glycyrrhiza fœtida.*
1833. *Genista alba.*
1834. *Nuttallia cerasiformis*
1835. *Prunus Pissardi.*
1836. *Adlumia cirrhosa.*
1837. *Rosa rugosa.*
1838. *Viscum album.*
1839. *Zanthoxylon flavispi-*
    num.
1840. *Rumex obtusifolius.*
1841. *Sedum spectabile.*
1842. *Opuntia Rafinesquiana.*
1843. *Festuca glauca.*
1844. *Potamogeton natans.*
1845. *Ruta montana.*
1846. *Polygala amara.*
1847. *Spondias pleiogyna.*
1848. *Canna edulis.*
1849. *Carum Sisarum.*
1850. *Sison Amomum.*
1851. *Hydrocotyle asiatica.*
1852. *Linnœa borealis.*

1853. *Xanthium strumarium.*
1854. *Ambrosia maritima.*
1855. *Genista purgans.*
1856. *Cornus florida.*
1857. *Halleria lucida.*
1858. *Pentstemon gentianoides.*
1859. *Ocimum Basilicum.*
1860. *Swertia perennis.*
1861. *Kalmia latifolia.*
1862. *Euphorbia abyssinica.*
1863. *Seseli montanum.*
1864. *Quillaja Saponaria.*
1865. *Datisca cannabina.*
1866. *Curcuma longa.*
1867. *Triticum repens.*
1868. *Aponogeton distachyum.*
1869. *Alisma natans.*
1870. *Clematis orientalis.*
1871. *Cereus flagelliformis.*
1872. *Hebenstreitia tenuifolia.*
1873. *Amethysthea cœrulea.*
1874. *Myoporum serratum.*
1875. *Celastrus paniculata.*
1876. *Salix Caprœa.*

1877. *Armeria maritima.*
1878. *Trachycarpus excelsa.*
1879. *Cicer arietinum.*
1880. *Chamœrops humilis.*
1881. *Jubœa spectabilis.*
1882. *Pyrus Malus.*
1883. *Cereus serpentinus.*
1884. *Philadelphus coronarius.*
1885. *Physospermum aquilegifolium.*
1886. *Meum trilobum.*
1887. *Indigofera tinctoria.*
1888. *Desmodium canadense.*
1889. *Mimosa pudica.*
1890. *Kageneckia oblonga.*
1891. *Helianthemum pilosum.*
1892. *Hypericum Uralum.*
1893. *Echinocactus Ottonis.*
1894. *Nelumbo lutea.*
1895. *Pereskia Bleo.*
1896. *Coronilla glauca.*
1897. *Juniperus Oxycedrus.*
1898. *Amomum Melegueta.*
1899. *Heliophila amplexicaulis.*
1900. *Statice elata.*

RENONCULACÉES

Aquilégiées.

a. A FLEURS RÉGULIÈRES. — Les plus complètes quant à l'organisation florale sont les Ancolies (*Aquilegia*) : l'*A. vulgaris* (n. 42), à fleurs bleues, et dans les jardins, roses ou blanches, plante indigène, suspecte, à matière colorante employée comme réactif; et l'*A. chrysantha* (n. 1495), espèce américaine, à fleurs jaunes ornementales, à longs éperons, non usitée.

Le *Xanthorhiza apiifolia* (n. 62) est un petit arbuste de l'Amérique du Nord, type floral réduit des Ancolies, à bois jaune (*Yellow root*), médicament tonique-amer et digestif.

Les Nigelles (*Nigella*) sont des herbes annuelles, à fleurs jaunes ou plus souvent d'un bleu clair, à calice doublé de staminodes en forme de petits cornets ou nectaires; ex. : les *N. arvensis* (n. 63), *hispanica* (n. 65), *damascena* (n. 66) et *sativa* (n. 64). Leurs graines noirâtres sont piquantes, stimulantes, condimentaires; d'où leur nom de *Poivrettes*.

Les Hellébores (*Helleborus*), herbes vivaces, à fleurs vertes, jaunes, blanches ou pourprées, à calice également doublé de staminodes en forme de nectaires tubuleux, en nombre qui varie d'une espèce à l'autre. L'*H. niger* (n. 44), ou *Rose de Noël*, à fleurs blanches, tardives, passe pour fournir à la médecine les rhizômes noirâtres qu'on emploie sous le nom d'*Hellébore noir* (*Drog.*, n. 16) et qui ont été vantés comme drastiques. Mais

c'est souvent l'*H. viridis* (n. 46) qu'on emploie sous ce nom
L'*H. orientalis* (n. 45), à fleur d'un blanc verdâtre, teintée d
pourpre, est, croit-on, la plante avec laquelle les anciens trai
taient la folie. L'*H. odorus* (n. 48) a des fleurs verdâtres, d
même que l'*H. fœtidus* (n. 43), le *Pied-de-griffon* de nos ter
rains calcaires, qui passe pour purgatif et anthelminthique
L'*H. hyemalis* (n. 47), petite espèce à fleurs jaunes, très précoces
solitaires, est le type de la section *Eranthis;* ses fruits son
mûrs dès le mois de mai.

Les *Trollius*, vivaces comme les Hellébores, dont ils ont à peu
près les fleurs, ont un calice pétaloïde, à folioles herbacées au
nombre de 5 et plus. Dans le *T. europœus* (n. 67), les fleurs
sont jaunes. Les staminodes, au lieu d'être en forme de cornet
comme dans les Hellébores, sont de longues languettes aplaties
à peine canaliculées. Leur racine est drastique. Le *Populage de*
marais, ou *Caltha palustris* (n. 68), est un véritable *Trollius*,
mais il appartient à une section du genre dans laquelle toutes
les étamines sont fertiles. Le périanthe est aussi d'un beau jaune
d'or et sert à teinter le beurre. Les boutons se confisent comme
des câpres. C'est cependant, pour bien des auteurs, une plante
suspecte, comme les Renoncules auxquelles elle ressemble, mais
dans lesquelles la portion colorée du périanthe est la corolle.

b. A FLEURS IRRÉGULIÈRES. — Ce sont toutes des *Delphi-*
nium, genre auquel sont rapportés comme sections les *Aconi-*
tella, Staphisagria et *Aconitum* qui ne se distinguent que par
un sépale supérieur en forme de casque, tandis qu'il serait,
dit-on, conformé en éperon dans les vrais *Delphinium;* mais il
y a entre les deux formes toutes les transitions possibles.

Les *Delphinium* proprement dits, ou *Pieds-d'alouette*, sont
souvent des plantes annuelles, comme les *D. ornatum* (n. 470),
Ajacis (n. 465), *peregrinum* (n. 452), *Consolida* (n. 466), espèces
à un seul carpelle. Ce dernier était la *Consoulde royale* des
anciens chirurgiens, guérissant les plaies et fractures. D'autres
sont vivaces, comme le *D. nudicaule* (n. 1406) qui est excep-

tionnel par ses fleurs rouges, et le *D. grandiflorum*, à fleurs bleues. Celui-ci se rapproche par le port et le feuillage des espèces de la section *Aconitum*, dont le type est le *D. Napellus*, ou *Aconitum Napellus* L. (n. 3). L'Aconit Napel est vivace, à racines coniques (en forme de petit navet), à rameaux aériens annuels, portant des feuilles très découpées (*Drog.*, n. 14), employées fraîches à la préparation d'un extrait antirhumatismal ; et des fleurs bleues, disposées en grappes, à 8 nectaires bleus, très inégaux, les deux supérieurs seuls en forme de capuchon stipité. Le fruit est ordinairement tricarpellé. Les préparations d'A. Napel se font surtout chez nous avec la racine (*Drog.*, n. 13).

L'*A. japonicum* (n. 468) et l'*A. hebegynum* (n. 643) ont les fleurs construites comme celles du Napel et peuvent servir à étudier leur organisation dans une saison où il n'est pas épanoui. L'*A. Lycoctonum* (n. 50), espèce à fleurs d'un jaune pâle, est intermédiaire, par son sépale postérieur en forme d'éperon obtus, aux vrais Aconits et aux *Delphinium*. L'*A. Anthora* (n. 49), également à fleurs jaunâtres, très vénéneux aussi, a donné son nom à une section du genre. Son sépale postérieur est à peu près aussi large que long, et le petit éperon qui termine ses nectaires supérieurs est coudé à angle droit sur la portion dilatée. .

Le *D. Staphisagria* (n. 467), ou *Herbe pédiculaire*, à graines âcres (*Drog.*, n. 15), servant à détruire la vermine, est une espèce dangereuse, type d'une section, élevée parfois au rang de genre, à 4-8 staminodes inégaux, les latéraux pétaloïdes. L'éperon est court, large, émarginé au sommet. Le limbe du staminode postérieur est double, et son éperon représente une double corne épaisse. La plante est chez nous dicarpienne.

Renonculées.

Division à laquelle les Renoncules (*Ranunculus*) ont donné leur nom. Ce sont toutes plantes âcres, vénéneuses. Dans les *Ranunculus* proprement dits, la fleur est 5-mères, à double périanthe : calice et corolle. Chaque carpelle renferme un ovule ascendant, à un micropyle extérieur. Tels sont les *R. acris* (n. 55), *repens* (n. 612), *bulbosus* (n. 56), *auricomus* (n. 615), *Chœrophyllos* (n. 614), nos *Boutons-d'or* indigènes. Les *R. lanuginosus* (n. 15⸱3) et *flabellatus* (n. 617) sont dans le même cas. Ils ont des feuilles découpées. Les *R. Lingua* (n. 52) et *Flammula* (n. 51), espèces aquatiques, à fleurs également jaunes, ont des feuilles allongées, étroites et entières, comme le *R. gramineus* (n. 54), terrestre. Le *R. aconitifolius*, ou *Bouton-d'argent*) (n. 1497) et le *R. aquatilis* (n. 58), espèce aquatique de la section *Batrachium*, ont des pétales blancs. Le *R. Thora* (n. 58), espèce alpine, a quelques feuilles, dont une arrondie-réniforme, et des fleurs jaunes. Le *R. orientalis* (n. 616) ne se cultive guère qu'à fleurs doubles, blanches, jaunes, rouges ou brunes. La Ficaire, ou *R. Ficaria* (n. 613) est le type d'une section spéciale, à verticilles floraux trimères, les pièces du plus intérieur souvent dédoublées. Les feuilles sont charnues, et la tige porte des bulbilles. Le *R. arvensis* (n. 1498) est annuel, à fleurs jaunes et à fruit muriqué. Le *R. sceleratus* (n. 57), plus dangereux, dit-on, que tous les autres, est aquatique, avec des pétales jaunes et le réceptacle floral sphérique, très saillant. Le *R. falcatus* (n. 619) est le type de la section *Ceratocephalus*.

Le *Myosurus minimus* (n. 596), seule espèce de son genre, petite herbe annuelle des moissons, a des fleurs de Renoncule, à réceptacle très long, cylindro-conique, des sépales décurrents, des pétales en forme de languette glandulifère, et de nombreux carpelles à un seul ovule descendant, le micropyle intérieur.

Les Anémones ont un calice coloré, une collerette caliciforme sous la fleur, à une distance variable du périanthe, et, dans leurs carpelles, un ovule de *Myosurus*, plus des ovules avortés, très petits. Toutes passent pour vénéneuses et sont au moins suspectes. L'A. des jardins, ou *Anemone coronaria* (n. 578) a le calice blanc, rose, violacé ou jaunâtre. Dans les *A. alba* (n. 471) et *virginiana* (n. 476), il est blanc. L'*A. japonica* (n. 592) est une espèce à fleurs tardives, roses ou blanches. L'*A. stellata* _(n. 586), espèce du Midi, a des sépales étroits et rouges. L'*A. nemorosa* (n. 555), ou *Anémone Sylvie*, est une espèce précoce de nos bois ; elle appartient à un groupe particulier dans lequel le périanthe est construit sur le type 3 répété, et son involucre est formé de 3 feuilles semblables à celles de la base. L'*A. Hepatica*, ou *Hepatica triloba* (n. 548), présente dans ses fleurs la même répétition du type 3, et l'involucre, formé de trois folioles courtes, rapprochées du calice coloré, simule tout à fait un calice. L'*A. Pulsatilla* (n. 576), dont on a fait jadis le type d'un genre *Pulsatilla*, est la plus célèbre espèce du genre au point de vue médical. Störck a vanté outre mesure ses vertus dans son traité : *de usu Pulsatillæ*. C'est une plante vénéneuse. Sa fleur à calice violet est entourée d'un involucre à folioles découpées ; de plus, ses étamines fertiles sont accompagnés en dehors d'un certain nombre de staminodes linéaires, colorés.

Les *Adonis* constituent une section du genre Anémone, à ovules ascendants ou descendants, à sépales dissemblables, les extérieurs étant plus courts et plus verdâtres que les intérieurs. Les uns ont des fleurs précoces et jaunes, comme l'*A. vernalis* (n. 557), récemment vanté comme remède puissant des affections cardiaques. Les autres ont des fleurs plus petites et rouges, comme les *A. œstivalis* (n. 569) et *autumnalis* (n. 558).

Les Clématites ont pu longtemps être considérées comme le type d'une série distincte, parce que leurs feuilles sont opposées et généralement portées par des tiges sarmenteuses. Cependant, leur fleur est construite comme celle des Anémones, avec des ovaires renfermant chacun un ovule fertile, descendant, et 4 petits ovules avortés. De plus, dans la plupart des espèces cultivées, les sépales colorés sont valvaires et au nombre de 4. Mais on connaît aujourd'hui dans ce genre des fleurs qui ont plus de 4 folioles au périanthe et d'autres dans lesquelles ces sépales sont imbriqués. Toutes les espèces sont dangereuses, notamment le *C. Vitalba* (n. 75), seule espèce de la flore parisienne, l'*Herbe aux gueux*, dont l'application fait naître sur la peau des rou-

geurs, des phlyctènes et des ulcérations. Il faut également re-
garder comme suspects : le *C. montana* (n. 76), grande espèce
grimpante des montagnes de l'Inde; le *C. balearica* (n. 620), espèce à fleurs blanches, accompagnées de deux grandes bractées,
le *C. integrifolia* (n. 621), petite espèce dressée, d'origine
européenne; le *C. tubulosa* (n. 622), également dressé, mais
ligneux, asiatique et à fleurs bleues; le *C. Viticella* (n. 1496)
grimpant, à fleurs bleues, type d'une sction du genre à styles
courts, non velus; le *C. Pitcheri* (n. 1173), de l'Amérique du
Nord, et le *C. orientalis* (n. 1870), grimpant et à fleurs d'un
jaune terne.

Les Pigamons (*Thalictrum*) se rapprochent beaucoup de
Clématites par l'organisation de leur fleur; mais leur périanthe
coloré est toujours imbriqué, et leur ovule descendant n'est pas
accompagné d'ovules stériles. Ce sont des plantes herbacées
vivaces et non grimpantes, à feuilles alternes. Le *T. flavum*
(n. 624), espèce commune de nos localités aquatiques, est l
Rhubarbe des pauvres. Les *T. aquilegifolium* (n. 628), *purpureum*
(n. 1627), *majus* (n. 1628), *minus* (n. 1176), *glaucum* (n. 1625)
sylvaticum (n. 1628) ont la même organisation florale.

Les *Actæa* peuvent être définis des Pigamons à carpelle
pluriovulés; leurs ovules sont disposés comme ceux des Ancolies
Ils ont exceptionnellement un seul carpelle qui devient parfoi
un fruit charnu, comme dans l'*A. spicata* (n. 59), ou *Herbe d*
Saint-Christophe, plante indigène, vivace, substituée parfois
l'Hellébore noir, et dont la poudre sert à tuer la vermine. Le fru
demeure plus souvent sec, comme dans l'*A. racemosa* (n. 60
espèce de l'Amérique du Nord, vantée dans ce pays contre l
chorée et les rhumatismes aigus. Il y a plus souvent de nom
breux carpelles, définitivement secs et déhiscents, comme dan
l'*A. Cimicifuga* (n. 61), plante à odeur désagréable, qui pass
pour antispasmodique et qui a constitué un genre distinct, sou
le nom de *Cimicifuga fœtida*.

Pæoniées.

Série représentée uniquement dans nos jardins par les Pivoines (*Pæonia*) qui ont des fleurs pourvues d'un réceptacle très légèrement concave, périgynes, par conséquent, à un faible degré, plantes vivaces à grandes fleurs dont le gynécée est formé de plusieurs carpelles pluriovulés, devenant autant de follicules. Elles sont exceptionnellement ligneuses, comme le *P. Moutan* (n. 491), de la Chine, et plus souvent herbacées et vivaces, comme les *P. tenuifolia* (n. 493), *anomala* (n. 492), *albiflora* (n. 1535), le *P. officinalis* (n. 490), ou *Pivoine femelle* et le *P. corallina* (n. 489), ou *Pivoine mâle;* ces deux derniers ont des pétales rouges, employés comme calmants ; les divisions épaisses et fusiformes de leurs racines faisaient partie du *Sirop d'Armoise composé.*

DILLÉNIACÉES

Plantes ligneuses des régions chaudes, analogues par leur organisation florale aux Renonculacées, mais dont les carpelles renferment, ou de nombreux ovules, ou un ou deux ovules ascendants, à micropyle intérieur. Peu cultivées et non médicinales, représentées par le *Candollea cuneiformis* (n. 44), à carpelles indépendants et biovulés, à corolle jaune ; l'*Hibbertia volubilis* (n. 71), à ovules plus nombreux et à étamines très nombreuses, à pétales également jaunes, tous les deux australiens, et par un type japonais anormal, l'*Actinidia Kolomikta* (n. 69), grimpant et de l'Asie orientale, à carpelles unis en une seule masse qui devient une baie pluriloculaire. La fleur est à corolle blanche et à étamines nombreuses.

MAGNOLIACÉES

Organisation florale rappelant beaucoup celle des Renoncu
lacées, avec des tiges ligneuses, un réceptacle floral souven
très allongé, et le plus ordinairement un triple périanthe dans
lequel il est souvent difficile de distinguer les verticilles, abso·
lument confondus dans l'ordre spiral, des appendices que pré
sentent les types des Illiciées.

Les *Magnolia* cultivés ont des carpelles insérés dans l'ordre
spiral sur un réceptacle cylindro-conique, avec 2 ovules dans
chaque ovaire, descendants et à micropyle extérieur. Les uns
ont des feuilles persistantes, comme le *M. grandiflora* (n. 79), de
l'Amérique du Nord, tonique et fébrifuge. Les autres, en plus
grand nombre, ont des feuilles caduques, comme les *M. macrophylla* (n. 1308), *Yulan* (n. 39), *purpurea* (n. 80), *Umbrella*
(n. 1307) et le *M. Soulangeana* (n. 38), qui est, croit-on, un
hybride obtenu en France. Le *M. acuminata* (n. 81), ou *Cucum-
ber-tree* des Américains, est préconisé contre les fièvres d'accès
et les affections rhumatismales. Le *M. glauca* (n. 37), *Arbre au
Castor* ou *Quinquina de Virginie*, des États-Unis, est tonique,
stimulant et fébrifuge. Le *M. Figo* (n. 40), petite espèce chinoise
non rustique, plus souvent désignée sous le nom de *M. fuscata*,
est le type d'une section *Liriopsis*.

Le Tulipier ou *Liriodendron Tulipifera* (n. 41), bel arbre de
l'Amérique du Nord, diffère des *Magnolia* par ses fruits indé
hiscents, surmontés d'un style aplati et induré et devenant des
samares. Son écorce est amère, aromatique, tonique, fébrifuge
et antirhumatismale. Elle sert à aromatiser certaines liqueurs

Le *Kadsura japonica* (n. 608), dont le vrai nom est *Schi
zandra japonica*, type de la série des *Schizandrées*, a des fleur

unisexuées, à réceptacle court, et de grosses étamines à loges disjointes. C'est une plante grimpante, mucilagineuse.

Les Badianes (*Illicium*) donnent leur nom à la série de *Illiciées*. Leurs fleurs hermaphrodites ont un nombre indéfini de folioles imbriquées au périanthe, des carpelles contenant un seul ovule ascendant, à micropyle inférieur et extérieur et formant un fruit sec, étoilé. La véritable *Badiane de Chine* (*Drog.*, n. 17), fruit aromatique, digestif, appartient à l'*I. anisatum* (n. 72). Les *I. parviflorum* (n. 73) et *floridanum* (n. 74) donnent des *Anis étoilés* américains. Le premier a des fleurs jaunâtres, comme l'*I. anisatum;* le dernier, des fleurs de couleur acajou.

Le *Drimys Winteri* (n. 70), arbuste de Magellan et d'une grande partie de l'Amérique austro-occidentale, donne l'*Écorce de Winter*, aromatique, tonique, stimulante, antiscorbutique; il ressemble aux *Illicium* par ses fleurs; mais ses carpelles sont pluriovulés et ses fruits deviennent charnus à la maturité.

Le *Canella alba* (n. 291), qui ne peut sortir de nos serres chaudes, est le type de la série des *Canellées*, à ovaire uniloculaire, pourvu de placentas pariétaux pluriovulés; il donne l'*Écorce de cannelle blanche* (*Drog.*, n. 18), aromatique, chaude, qui fait partie du *Vin diurétique amer de la Charité.*

ANONACÉES

Famille très-voisine des Magnoliacées, formée de plantes presque toutes tropicales et peu cultivées, en général aromatiques. Périanthe d'ordinaire triple, parfois nul; ovules nombreux ou solitaires et ascendants, avec le micropyle inférieur et extérieur. Représentée ici par l'*Anona Cherimolia* (n. 83), ou *Corossol du Pérou*, à fruits multiples comestibles, dont les carpelles sont unis en une masse charnue; l'*Uvaria triloba* (n. 62), de l'Amérique du Nord (*Papaw* ou *Monin*), type de la section *Asimina*, à fruits

charnus, mais indépendants, servant à faire des boissons fer
mentées et dont les graines tuent la vermine.

Les *Eupomatia* représentent une série de la famille dont la
fleur est dépourvue de périanthe. Celui-ci est remplacé par un
bractée formant capuchon et se détachant circulairement par sa
base. Les ovaires et les fruits sont enfouis dans les fossettes
d'un réceptacle légèrement concave. Deux espèces australiennes
l'*E. laurina* (n. 84) et l'*E. Bennettii* (n. 85).

MONIMIACÉES

Fleurs hermaphrodites, à réceptacle plus ou moins concave
Périanthe inséré sur ses bords et formé d'un nombre variable
de folioles imbriquées, sans ligne de démarcation entre le calice
et la corolle. Etamines déhiscentes par des fentes ou des pan
neaux. Ovules 1,2, ascendants, avec le micropyle extérieur; ou
descendants, avec le micropyle intérieur. Plantes ligneuses
aromatiques, toutes exotiques et souvent tropicales.

La série des *Calycanthées* représente les types les plus com·
plets, à fleurs hermaphrodites, avec deux ovules ascendants dans
chaque carpelle. Elle renferme les *Calycanthus* dont on cultive
plusieurs espèces : les *C. floridus* (n. 66), *occidentalis* (n. 87),
lævigatus (n. 943), à fleurs d'un pourpre foncé, aromatiques,
et les *Chimonanthus*, à fleurs hivernales, de couleur jaune pâle.
Le *C. præcox* (n. 88) est asiatique.

Le *Boldo*, ou *Peumus Boldus* (n. 89), arbre de l'Amérique du
Sud, appartient à la série des *Hortoniées*. Il a des fleurs dioïques,
et ses feuilles opposées sont très odorantes, stomachiques, sti·
mulantes, fébrifuges. L'*Hedycarya arborea* (n. 89), de la Nouvelle-Zélande, appartient à la même série et est aussi une plante
de serre froide. Il est peu aromatique. Ses carpelles ne renfer·
ment, comme ceux du *Boldo*, qu'un seul ovule descendant.

ROSACÉES

Rosées.

Série formée du seul genre *Rosa*, dont les fleurs ont le réceptacle concave, devenant charnu autour des vrais fruits qui sont des achaines. Ovules géminés, descendants, à micropyle supérieur et extérieur. Les espèces les plus utiles sont : le *R. gallica* (n. 97), ou *Rose de Provins*, à pétales astringents (*Drog.*, n. 19); le *R. canina* (n. 1857), à réceptacle charnu (*Cynorrhodon*), servant à faire la *conserve de Roses*. Le type des Roses dites pâles est le *R. centifolia* (n. 91), dont n'est peut-être pas spécifiquement distinct le *R. damascena* (n. 92), qui sert surtout en Orient à l'extraction de l'*Essence de Roses*. Le *R. indica* (n. 1332) est, dit-on, employé au même usage. Le *R. alpina* (n. 905) est aussi usité en parfumerie. Le *R. rubiginosa* (n. 93) est remarquable par ses feuilles à odeur de pomme. Le *R. microphylla* (n. 906), espèce asiatique, est celle dans laquelle le réceptacle a le moins de profondeur. A côté des précédentes se trouvent des espèces européennes, telles que les *R. Eglanteria* (n. 1358), *arvensis* (n. 1376), *Boræana* (n. 904), *alba* (n. 907), ou exotiques, comme les *R. villosa* (n. 93), *Banksiæ* (n. 1333), *Rapa* (n. 1334), *polyantha* (n. 481), *rugosa*, *Pissardi* et le *R. semperflorens* (n. 903), ou *Rosier de Bengale*, à fleurs peu odorantes.

Agrimoniées.

Corolle de *Rosée*, ou plus souvent nulle. Ovules descendants, à micropyle extérieur et supérieur. Fruits secs, inclus dans une induvie sèche et rarement charnue. Les Aigremoines (*Agrimonia*), qui ont donné leur nom à la série, ont une corolle jaune, et l'induvie du fruit chargée de crochets. Ex. : l'*A. Eupatoria* (n. 99), ou *Francormier*, *Eupatoire des Grecs*, espèce indigène,

odorante, légèrement astringente et tonique, et l'*E. repen*,
(n. 1529) qui a les mêmes propriétés.

Les *Alchemilla* sont des herbes à fleurs apétales, à calice
accompagné d'un calicule, avec un nombre défini d'étamines
(1-5) et de carpelles (1-4). Toutes sont astringentes, notammen
l'*A. vulgaris* (n. 100), ou *Sourbeirette, Manteau des dames*, plante
indigène des près et des montagnes, et l'*A. arvensis* (n. 1004)
type pour Linné d'un genre *Aphanes*, très petite herbe de no;
champs sablonneux et du bord des chemins.

Les *Sanguisorba*, parmi lesquels sont compris les *Poterium*,
ont des fleurs apétales, tétramères, avec de 1 à 4 carpelle;
et de 4 à un nombre indéfini d'étamines. Les vrais *Sanguisorba*, comme le *S. officinalis* (n. 1006), usité jadis comme
hémostatiqne, et le *S. canadensis* (n. 1526), ont les étamine;
en même nombre que les sépales. Les espèces de la sectior
Poterium, comme le *S. Poterium* (*Poterium Sanguisorba* L.), ou
Grande Pimprenelle (n. 1095), espèce médicinale et culinaire
ont des étamines en nombre indéfini. C'est une plante vivace
commune dans nos près et nos bois.

Fragariées.

Les Fraisiers (*Fragaria*) ont une fleur caliculée, à étamines
en nombre multiple de 5 et un gynécée formé d'un nombre
indéfini de carpelles à style gynobasique; l'ovule est descendan
avec le micropyle extérieur et supérieur. C'est le réceptacle qu
devient charnu et comestible dans le *F. vesca* (n. 103). La pré-
tendue racine de cette espèce, employée comme astringente
est le rhizôme (*Drog.*, n. 21). Le *F. chilensis* (n. 1027) est auss
l'un des parents de nos fraisiers à fruits; le *F. indica* (n. 1026)
à fleurs jaunes, à tige sarmenteuse, est le type d'une sectior
Duchesnea.

Les Potentilles sont des Fraisiers à réceptacle non charnu
dans le fruit mûr. Le *Potentilla anserina* (n. 105), ou *Herbe
aux oies*, est astringent, comme le *P. reptans* (n. 108), ou *Quin-*

tefeuille ; on emploie leur rhizôme comme celui du Fraisier. Le *P. Tormentilla* (n. 104), distingué jadis génériquement sous le nom de *Tormentilla erecta*, parceque ses fleurs sont tétramères, a aussi un rhizôme astringent (*Drog.*, n. 22). Le *P. recta* (n. 107) est remarquable par ses axes dressés ; le *P. nepalensis* (n. 106), espèce indienne, par ses pétales rouges ; le *P. fruticosa* (n. 1169), par ses tiges ligneuses ; c'est un arbrisseau qui croît dans les Pyrénées.

Les Benoîtes (*Geum*) ont des fleurs de Potentille, avec l'ovule dressé, à micropyle inférieur et extérieur. Le *G. urbanum* (n. 101), la *Benoîte commune*, a un rhizôme astringent et odorant (*Drog.*, n. 27), le *Radix caryophyllata* des anciens. Le *G. rivale* (n. 1024) est aussi une espèce indigène. Le *G. Waldsteinia* (n. 1021) est le *Waldsteinia geoides* de Willdenow ; le gynécée de ses petites fleurs jaunes est réduit à 2, 3 carpelles.

Les Ronces (*Rubus*) ont des fleurs analogues à celles des Potentilles, sinon qu'elles sont dépourvues de calicule. Leur fruit multiple est formé de drupes. Le *R. fruticosus* (n. 102) et le *R. cæsius* (n. 1335), espèces vulgaires, sont astringents. Le *R. idæus* (n. 109) est le *Framboisier*, à drupes multiples comestibles. Le *R. rubiginosus* (n. 1336) est une espèce astringente, à grandes fleurs roses, à poils glanduleux et odorants.

Spiréées.

Les espèces du genre *Spiræa* qui ont les fleurs les plus complètes, comme le *S. lanceolata* (n. 486), ont 5 carpelles indépendants et pluriovulés, auxquels succèdent autant de fruits secs. Ce sont des plantes ligneuses, de même que le *S. salicifolia* (n. 1023), souvent cultivé dans nos parcs, et les *S. sorbifolia* (n. 113) et *Lindleyana* (n. 483), beaucoup plus élevés encore, avec de grandes inflorescences composées de cymes et un feuillage qui rappelle celui des Sorbiers et du *Kosso* (*Hagenia abyssinica*) (*Drog.*, n. 20). Le *S. lævigata* (n. 487), dont on a fait un genre *Sibiria*, a des fleurs unisexuées. Les espèces les plus importantes sont herbacées : le *S. Filipendula* (n. 1021), plante de nos bois et de nos prairies, qui tire son nom des renflements de ses racines ; le *S. Aruncus* (n. 482), ou *Barbe de bouc*, espèce des bois montagneux, dont les fleurs dioïques n'ont que 2-4 carpelles ; et surtout le *S. Ulmaria* (n. 485), ou *Reine des prés*, si commun dans nos localités marécageuses, à racine célèbre autrefois comme astringente, antigoutteuse et fébrifuge, à fleurs odorantes et renfermant une essence composée de deux huiles au moins, dont l'une est de l'hydrure de salicyle.

Les *Neillia* sont d'anciens *Spiræa* à fleurs pourvues de un à cinq carpelles, à graines munies d'un albumen abondant. Le *N. opulifolia* (n. 1580) est un arbuste assez souvent cultivé dans nos parcs. Le *Rhodotypos kerrioides* (n. 953) se distingue surtout des Spirées par le toit que forme, au-dessus de ses carpelles, la portion du réceptacle floral qui porte les étamines. C'est un arbuste japonais.

Le *Kerria japonica* (n. 1022) a aussi été rapporté aux Spirées et même aux Ronces ; ses fleurs jaunes ont de 4 à 8 carpelles uniovulés ; l'ovule descendant a le micropyle supérieur et extérieur. La plante est ordinairement à fleurs doubles dans les jardins.

Le *Gillenia trifoliata* (n. 96), le *Spiræa trifoliata* de Linné, est une herbe vivace de l'Amérique du Nord, dont les fleurs blanches ont un réceptacle tubuleux, logeant 10-20 étamines et, au fond, 5 carpelles pluriovulés. Son rhizôme constitue un des faux ipécacuanhas des États-Unis.

Quillajées.

Deux arbustes de cette série sont cultivés dans nos jardins : le *Quillaja Saponaria* (n. 1864) et le *Kageneckia oblonga* (n. 1890). Ils sont américains. Le premier d'entre eux passe pour donner une des écorces savonneuses désignées sous le nom de *Bois de Panama*. Il provoque l'éternuement. Il a des feuilles alternes et des fleurs à 10 étamines dont les anthères sont introrses. Le *Kageneckia* a plus de 10 étamines, et ses fleurs sont polygames.

Pyrées.

Cette série doit son nom aux Poiriers (*Pyrus*), dont les principaux sont le *P. communis* (n. 164) et le Pommier (*P. Malus*) (n. 1882). Ils ont des fleurs à réceptacle concave, logeant 5 carpelles à ovaire biovulé. Les ovules sont ascendants, à micropyle inférieur et extérieur. Le Sorbier est le *P. Sorbus* (n. 484), ou *Sorbus aucuparia* de Linné. Son fruit charnu a l'endocarpe bien moins résistant que celui des espèces précédentes. Il sert à l'extraction de l'acide malique. Les Cognassiers (*Cydonia*) sont des *Pyrus* à ovaires pluriovulés. Le *C. vulgaris* (n. 94), est employé pour la chair astringente de ses fruits et le mucilage de ses semences. Le *C. japonica* (n. 95) a été considéré comme le type d'un genre *Chœnomeles*. Les Alisiers (*Cratægus*) appartiennent à la même série; le mésocarpe de leurs fruits est souvent astringent, par exemple dans le *C. Oxyacantha* (n. 954), l'*Aubépine*, le *C. Pyracantha* (n. 955), ou *Buisson ardent*, et le *C. Aria* (n. 1534), qui est le *Pyrus* et le *Sorbus Aria* de certains auteurs. Le Bibassier dont on mange les fruits dans le Midi, est l'*Eriobotrya japonica* (n. 973). A ce groupe appartiennent encore les *Amelanchier*, *Raphiolepis* et *Cotoneaster*, qui n'ont d'intérêt qu'au point de vue botanique, à cause des différences que l'on remarque entre leurs fruits et ceux des *Pyrus*.

Prunées.

Le genre Prunier (*Prunus*), auquel se rattachent comme sections les Amandiers, Abricotiers, Pêchers, Cerisiers et Lauriers-Cerises, est caractérisé par ses fleurs à réceptacle concave dans lequel se trouve inséré vers le centre un seul carpelle libre, dont l'ovaire renferme deux ovules descendants, à micropyle supérieur et extérieur. Les principales espèces à fruit comestible sont: le *P. domestica* (n. 112), le *P. Persica* (n. 1372), le *P. Armeniaca* (n. 1371), le *P. Cerasus* (n. 480) et le *P. avium* (n. 111), ou *Merisier*, dont les drupes servent à faire le *Kirschenwasser*. Dans les Amandiers, c'est la graine qui est comestible, car le

fruit est finalement un achaine. Il a deux variétés principales :
le doux (*P. Amygdalus dulcis*) (n. 162) et l'amer (*P. Amygdalus
amara*) (n. 163). Le *P. Lauro-Cerasus* (n. 166), des environs de
Trébizonde, arbuste à feuilles coriaces, lisses, serrées et à fleurs
en grappes, sert à préparer l'*Eau distillée de Laurier-Cerise.*
Le *P. spinosa* (n. 110), ou *Épine-noire*, et le *P. Insititia* (n. 1374)
ont des fruits très astringents, surtout avant leur maturité. Le
P. Susquehana (n. 472) est une petite espèce couchée, sans uti-
lité. Le *P. nana* (n. 1373), espèce orientale, peu élevée, a des
fleurs roses. Le *P. virginiana* (n. 165) (dont le vrai nom est *P. se-
rotina*) est très employé aux États-Unis pour son écorce administrée aux scrofuleux, aux phthisiques, aux fébricitants, et qui
renferme les mêmes principes actifs que le Laurier-Cerise. Le *P.
Mahaleb* (n. 1574), le *Bois de Sainte-Lucie*, et le *P. Padus*
(n. 1030), ou *Faux-Bois de Sainte-Lucie, Putiet*, ont été employés
en médecine, le dernier surtout, comme succédanés du quinquina.

LÉGUMINEUSES

Toutes réunies dans une même plate-bande, en face des Rosacées unicarpellées avec lesquelles elles ont tant d'affinités ; ont
pour fruit souvent (mais non constamment) une gousse (*legumen*).

Adénanthérées.

Fleurs régulières, diplostémonées, à anthères surmontées
d'une glande. La série est représentée dans les serres par l'*Ade-
nanthera pavonina*, plante à graines rouges, mucilagineuses,
vantées en Cochinchine contre la rage, mais qui ne peut vivre
en plein air, et par le *Prosopis strombulifera* (n. 1573), du
Chili, plante à fruit jaune, contourné en spirale et éminemment
astringent.

Eumimosées.

La Sensitive (*Mimosa pudica*) (n. 1889), espèce célèbre par ses folioles sensibles, représente ce groupe dans nos jardins. Ses fleurs sont réunies en petits capitules, 4-mères et 4-andres.

Acaciées.

Les *Acacia* vrais sont des Mimosées à étamines en nombre indéfini. L'*A. arabica* (n. 488) est un de ceux qui produisent la Gomme arabique (*Drog.*, n. 29) et une portion de la G. du Sénégal (*Drog.*, n. 30). Les *A. dealbata* (n. 1572) et *Melanoxylon* (n. 1571) sont des espèces australiennes, de serre froide. Le dernier donne un suc à la fois gommeux et astringent.

Eucæsalpiniées.

Rares dans les jardins, comme les Cæsalpiniées en général. Le *Cæsalpinia Bonduc* (n. 158) est le *Cniquier* des rivages tropicaux, représentant de la section *Guilandina* du genre, à semences toniques, antipériodiques, vantées contre l'hydrocèle. L'*Hœmatoxylon campechianum* (n. 159), de l'Amérique tropicale, donne le *Bois de Campêche*, colorant, astringent, antidiarrhéique (*Drog.*, n. 34). Le genre *Gymnocladus* comprend deux espèces : l'une américaine, le *G. dioica* (n. 603), ou *Coffeetree* des États-Unis ; l'autre asiatique, le *G. chinensis* (n. 604), qui produit les gousses mucilagineuses de Shangaï. Le genre Février (*Gleditschia*) est représenté par le *G. triacanthos* (n. 1570), grand arbre asiatique et rustique, à rameaux avortés épineux. Le *Tamarindus indica* (n. 1873) donne des fruits à pulpe laxative, les *Tamarins* (*Drog.*, n. 39).

Cassiées.

Représentées surtout par le genre *Cassia*, à fleurs irrégulières, dont les dix étamines sont libres, inégales, plus petites ou en partie stériles au côté postérieur de la fleur. Le *C. Fistula* (n. 1737), la principale source de la *Casse en bâton* (*Drog.*,

n. 35), supporte difficilement le plein air. Le *C. acutifolia* (n. 1748) est dans le même cas ; il est herbacé et donne le *Séné d'Alexandrie, de Nubie, d'Ethiopie, de la Palte (Drog.,* n. 36). Les *C. corymbosa* (n. 1739) et *falcata* (n. 1740), produisant d'abondantes fleurs en été, servent à étudier l'organisation de celles-ci, mais ne sont pas employés en médecine. Le *C. marylandica* (n. 598), espèce qui produit le *Séné de l'Amérique du Nord*, est vivace, rustique et fleurit aussi en abondance.

Le *Ceratonia Siliqua* (n. 1464) appartient à ce groupe où il se distingue par ses fleurs polygames et apétales. Son fruit est la *Caroube* qui ne mûrit que dans la région méditerranéenne.

Viciées.

La Fève commune est le *Vicia Faba* (n. 902) ; elle a une variété à petites graines, qui est le *Faba vulgaris equina* (n. 1037), cultivé en grand pour la nourriture du bétail. Le *V. narbonensis* (n. 1735), espèce du Midi, a des fleurs pourprées. Elle relie la section des *Faba* aux *Vesces* proprement dites, telles que le *Vicia sativa* (n. 901), plante fourragère. Les *V. sepium* (n. 1040) et *Cracca* (n. 900) sont des espèces sauvages, à tige grimpante. Les *Ervum* proprement dits se rattachent comme section au genre *Vicia;* et l'*E. Ervilia* (n. 1528), qui doit prendre le nom de *Vicia Ervilia*, est une plante des moissons, l'*Ers*, dont la graine aplatie a été signalée comme produisant de graves accidents. L'*E. Lens* (n. 1044), qui doit prendre le nom de *Lens esculenta*, se distingue génériquement des *Vicia* par son style comprimé sur le dos et garni sur sa face interne de poils courts. Sa graine alimentaire est la *Lentille.* Les Gesses (*Lathyrus*) se caractérisent, au contraire, par un style aplati latéralement et dont le bord interne est barbu. Parmi les nombreuses espèces du genre, on cultive le *L. sylvestris* (n. 1035), le *L. trifolius* (n. 1034), *Pois vivaces*, espèces grimpantes à fleurs roses ; le *L. pratensis* (n. 1034), à fleurs jaunes ; le *L. odoratus* (n. 1033), ou *Pois de senteur*, espèce exotique, annuelle dans nos jardins, et les représentants de la section *Orobus :* les *L. vernus* (n. 1459) et *niger* (n. 1460), vivaces et non grimpants. Les Pois (*Pisum*) ont les fleurs des Gesses, avec un style dilaté supérieurement en une lame à bords rétrofléchis : Ex. le *Pisum sativum* (n. 1039). Le *Cicer arietinum* (n. 941), ou *Pois chiche, Garbance*, a le style filiforme, glabre, et une gousse turgide, oligosperme.

Galégées.

Le *Galega officinalis* (n. 1051), ou *Rue des Chèvres,* est une herbe vivace, dressée. Aucune des herbes de cette série n'est grimpante, et quelques arbustes seuls y sont volubiles, comme le *Wistaria sinensis*, ou *Glycine de la Chine* (qui n'appartient pas au genre *Glycine*). Les *Faux-Acacias* ou *Robinia* sont des arbres, comme le *R. Pseudo-Acacia* (n. 607), à fleurs blanches, de l'Amérique du Nord, et le *R. hispida* (n. 606), à fleurs roses. Le *Colutea frutescens* (n. 597) est le *Baguenaudier*, à gousses vésiculeuses. L'*Indigofera tinctoria* (n. 595), célèbre par la production d'une couleur bleue, extraite de ses feuilles, se cultive comme plante annuelle ; et l'*I. Dosua* (n. 601), espèce ornementale, est ligneux. De même, l'*Halimodendron Halodendrum* (n. 1458), arbuste sibérien, Le *Psoralea bituminosa* (n. 1782), arbuste à odeur de bitume, préconisé contre le cancer, est une espèce du Midi, dite vénéneuse. L'*Amorpha fruticosa* (n. 709), ou *Faux-Indigo*, de l'Amérique du Nord, a la corolle réduite à l'étendard. Les Astragales se distinguent par la fausse-cloison longitudinale qui divise leur ovaire et leur fruit en deux logettes latérales. Ex. : l'*A. glycyphyttos* (n. 599), ou *Fausse-Réglisse*, espèce indigène, et les *A. galegiformis* (n. 600) et *monspessulanus* (n. 307). Les Astragales à gomme adragante ne se cultivent pas dans nos jardins.

Les Réglisses (*Glycyrrhiza*), à rhizômes et racines sucrés (*Drog.*, n. 44), sont de cette série. Leur corolle papilionacée a toutes ses folioles libres, et leur étamines sont diadelphes. Mais il y a alternativement deux sortes d'anthères : cinq longues et cinq courtes. L'ovaire renferme un, deux, ou plusieurs ovules. Le *G. glabra* (n. 154) est une herbe vivace, à fruit oblong, comprimé, glabre, originaire de la région méditerranéenne. Il produit la Réglisse de Calabre, et l'on croit que celle de Russie provient de sa variété *glandulifera*. Elle a cependant aussi été attribuée au *G. echinata* (n. 155), espèce à fruits courts, échinés et oligospermes Le *G. fœtida* (n. 1832) est inusité.

Lotées.

Ce sont, en première ligne, des *Lotus*, comme le *L. corniculatus* (n. 1700), espèce vivace commune de nos champs, et le *L. tetragonolobus* (n. 1699), type d'une section du genre, caractérisée par les angles des gousses. Le *Dorycnium hirsutum* (n. 1736) est une plante médicinale, à fruit oligosperme. Les *Anthyllis* sont aussi des Lotées. L'*A. Vulneraria* (n. 1002), dont le nom indique assez les usages, est une herbe vivace de nos coteaux et prairies calcaires, à androcée monadelphe, le tube fendu longitudinalement. Ses feuilles sont dissemblables, les folioles étant moins nombreuses dans les inférieures que dans les supérieures. Les *A. montana* (n. 1003) et *Barba-Jovis* (1284) sont aussi réputés vulnéraires.

Trifoliées.

Série qui tire son nom de celui des Trèfles (*Trifolium*), formée de plantes ordinairement herbacées, à feuilles trifoliolées, principalement de Luzernes, comme les *Medicago sativa* (n. 1000) et *Lupulina* (n. 1001); d'*Ononis*, comme l'*O. spinosa* (n. 1785); de Mélilots (*Melilotus*). Le *M. officinalis* (n. 998) et le *M. alba* (n. 999) s'emploient souvent à faire des collyres. Le *Trigonella Fœnum-græcum* (n. 153), ou *Fenu-grec* est recherché pour ses graines odorantes, employées surtout en parfumerie et considérées comme émollientes, résolutives, mucilagineuses.

Hédysarées.

Série caractérisée par ses gousses lomentacées, représentée

principalement par des Sainfoins (*Hedysarum*) tels que l'*H. coronarium* (n. 996) ; l'Esparcette, ou *Onobrychis sativa* (n. 997), plantes fourragères ; des *Coronilla*, comme les *C. juncea* (n. 1597), *cretica* (n. 1598), *pentaphylla* (n. 1599), *montana* (n. 245), *glauca* (n. 1836). L'*Arachis hypogæa* (n. 156), plante d'origine tropicale, est cultivé en grand pour l'huile extraite de ses graines (*Pistaches de terre, Arachides*), pourvues d'un embryon exceptionnellement droit et contenues dans un fruit incomplètement articulé, qui s'enfonce sous terre pour mûrir.

Génistées.

Série à étamines ordinairement monadelphes et à feuilles généralement digitées. Les Genêts (*Genista*), qui lui donnent son nom, doivent comprendre les *Spartium*, *Laburnum* et *Cytisus* des auteurs. Le *Sarothamnus scoparius* de nos bois et bruyères, qui doit s'appeler *Genista scoparia* (n. 152), est renommé comme évacuant et diurétique. Le *G. purgans* (n. 1722) a des propriétés analogues. Le *Spartium junceum* (n. 591), qui doit prendre le nom de *Genista juncea*, est surtout diurétique ; son écorce a servi à faire des tissus. C'est le *Genêt d'Espagne*, à odeur suave, de nos jardins. Le *G. sibirica* (n. 1285) et le *G. tinctoria* (n. 593), la *Genestrolle* de nos campagnes, sont aussi purgatifs et émétiques ; le dernier a été vanté contre la rage. Le *Cytisus Laburnum* (n. 1463), un des *Faux-Ebéniers* de nos jardins, est aussi un *Genista*, de la section *Laburnum*. Ses fleurs jaunes, disposées en grappes pendantes, sont dangereuses, vénéneuses. La plante a été assez souvent administrée comme diurétique, cholagogue, antidyspnéique. Les Lupins sont de cette série.

Podalyriées.

Plantes à feuilles trifoliolées ; rarement herbacées, à étamines libres. Le *Baptisia australis* (n. 595), les *Thermopsis fabacea* (n. 1831) et *nepalensis* (n. 1581) sont des représentants de cette série, qui vivent exceptionnellement chez nous en pleine terre.

Sophar.

Plantes ordinairement ligneuses, à étamines libres, mais à feuilles généralement composées-pennées. Le *Sophora japonica* (n. 605) est le type d'une section *Styphnolobium*, à péricarpe charnu; le *S. chilensis* (n. 1462) appartient à la section *Edwardsia*. Le *Toluifera Balsamum* (n. 157) de Linné, nommé plus tard à tort *Myrospermum* et *Myroxylon toluiferum*, a des fleurs dont l'androcée est celui d'un *Sophora*, avec des fruits dont la base s'est dilatée en samare et dont la cavité ne renferme qu'une ou deux semences. Originaire de l'Amérique équinoxiale, cette espèce donne le *Baume de Tolu* (Drog., n. 48); et sa variété *Pereiræ*, le baume dit à tort *du Pérou* (Drog., n. 46, 47), qui se récolte dans la région austro-occidentale de l'Amérique du Nord.

PROTÉACÉES

Plantes souvent très analogues aux Légumineuses par les fleurs des types supérieurs, à gynécée formé d'un seul carpelle à placenta multiovulé; par la périgynie, et par la déhiscence du fruit qui est alors un follicule. Mais le périanthe y est simple, ordinairement plus ou moins coloré (on l'a même quelquefois considéré comme une corolle), et l'androcée est isostémoné. Dans les types inférieurs, le nombre des ovules est réduit à 1 ou 2, anatropes ou orthotropes, et le fruit peut devenir indéhiscent. A cette catégorie appartiennent les *Grevillea* (n. 1530) et *Andripetalum* (n. 1531), plantes australiennes. Aucune Protéacée ne supporte l'hiver de nos climats; aucune n'est chez nous employée en médecine.

LAURACÉES

Se rapprochent des Protéacées à ovules définis par leur gynécée unicarpellé et l'insertion périgynique des folioles du périanthe. Mais celle-ci sont bisériées ; et les étamines, disposées sur trois à quatre séries, s'ouvrent ordinairement par deux ou quatre panneaux. L'ovule est descendant, anatrope, avec le micropyle supérieur.

Cinnamomées.

Les *Cinnamonum* ont des feuilles, ou opposées, comme le *C. zeylanicum* (n. 242), qui produit la Cannelle de Ceylan (*Drog.*, n. 49), ou alternes, comme le *C. Camphora* (n. 1172), l'arbre au Camphre du Japon (*Drog.*, n. 51). Les *Persea* ont les feuilles alternes et un fruit qui repose sur une dilatation charnue du pédoncule. Le *P. gratissima* (n. 579) est l'Avocatier, à fruit comestible et médicinal dans les pays chauds. Le *P. indica* (n. 1171) est, dit-on, originaire des Canaries.

Ocotéées.

Cette série est représentée par l'*Oreodaphne fœtens* (n. 582), dont le véritable nom est *Ocotea*, espèce à feuillage fétide dans son pays natal, les îles occidentales de l'Afrique, cultivée chez nous en orangerie ; et surtout par le *Sassafras officinale* (n. 583), arbre odorant de l'Amérique du Nord, à feuilles polymorphes, à fleurs polygames-dioïques, à bois renommé comme sudorifique, antigoutteux et antisyphilitique (*Drog.*, n. 53).

Tétranthérées.

Le *Lindera Benzoin* (n. 581) a des fleurs unisexuées, à 9 étamines s'ouvrant par 2 panneaux. C'est une espèce de l'Amérique du Nord, aromatique, stimulante, vermicide et fébrifuge. Le *Laurus nobilis* (n. 580), ou *Laurier d'Apollon*, *à sauce*, *à jambon*, représente un type amoindri, à fleurs unisexuées et à verticilles dimères. Sa baie odorante (*Drog.*, n. 54) est riche en huile médicinale; ses feuilles abondent en essence stimulante.

ELÆAGNACÉES

Famille voisine des Lauracées, à ovaire unicarpellé et uniloculaire, avec un seul ovule dressé, anatrope. Le fruit est induvié par la base du réceptacle persistante et accrue. L'androcée est isostémoné. Les Chalefs (*Elæagnus*), tel que l'*E. angustifolia* (n. 589), ou *Olivier de Bohême*, et l'*E. reflexa* (n. 590), du Japon, ont des fleurs hermaphrodites, 4-mères et à induvie drupacée. Le *Shepherdia canadensis* (n. 588) a des fleurs dioïques, 4-mères et 8-andres; il est astringent et fébrifuge. L'*Hippophae rhamnoides* (n. 587), notre *Argoussier* commun, a des fleurs dioïques, 4-mères, un androcée isostémoné et une induvie rouge et charnue, entourant un fruit sec et employée comme celle du *Shepherdia*.

MÉNISPERMACÉES

Cocculées.
Fleurs dioïques, à type 3 répété. Six étamines sur deux verticilles et 3 carpelles libres; ovule solitaire à l'âge adulte, descendant, à micropyle extérieur. Le *Cocculus carolinus* (n. 950) est une espèce vivace et grimpante, de l'Amérique du Nord. Le *C. laurifolius* (n. 940), espèce indienne, à feuilles entières, est dressé. Les *Menispermum*, également grimpants, se distinguent

par leurs étamines nombreuses et leur gynécée 6-carpellé ; ex. :
le *M. canadense* (n. 939) et le *M. dahuricum* (n. 1289).

Chasmanthérées.

L'*Anamirta Cocculus* (n. 1822) appartient à ce groupe ; c'est
une plante grimpante de l'Inde, à fleur de *Cocculus*, mais
apétale, à étamines nombreuses, 6-sériées, avec des anthères
4-lobulées. Les fruits drupacés constituent la *Coque du Levant*
(*Drog.*, n. 60), très-amère, vénéneuse (*Picrotoxine*).

Cissampélidées.

Les *Cissampelos*, type de cette série, ont les fleurs mâles 4-mères
et les fleurs femelles formées d'un seul sépale, d'un pétale
superposé et d'un carpelle. Le *C. Pareira* (n. 1823) donne une
fausse racine de *Pareira-brava*.

BERBÉRIDACÉES

Fleurs à type 2-ou 3-mère répété. Étamines souvent déhiscentes par de faux panneaux. Gynécée représenté par un seul carpelle, à placentation pariétale ou subbasilaire, ou plus rarement
par 3 carpelles libres ou unis bords à bords pour constituer un
ovaire à 3 placentas pariétaux. Le *Berberidopsis corallina*
(n. 130), plante grimpante du Chili, est seul dans ce dernier cas.

Les Epines-Vinettes (*Berberis*) ont les verticilles floraux
3-mères, sauf le gynécée ; le fruit est charnu et les axes de végétation, dimorphes. Leurs épines représentent des nervures de
feuilles. Le *B. vulgaris* (n. 935) et sa variété *atropurpurea*
(n. 936) ont des baies acides ; on extrait de leurs feuilles la
Quinoïde, vantée comme fébrifuge. Le *B. Lycium* (n. 934), espèce
indienne, donne le *Ruzot* et était le *Lycium* des anciens. Le
B. sinensis (n. 937) a, comme les précédents, des fleurs jaunes.

Les *Mahonia* représentent une section du genre, à feuilles composées ; ex. : les *B. repens* (n. 951), *japonica* (n. 1554) et *Fortunei* (n. 1555).

Le *Leontice Leontopetalum* (n. 938) est une Berbéridée méditerranéenne, herbacée, tuberculeuse, à placentation subbasilaire, à péricarpe membraneux, employée au traitement de la gale et des fièvres. Ses renflements souterrains sont savonneux et servent à nettoyer les étoffes. Les *Epimedium* ont des fleurs à verticilles dimères et des fruits secs, déhiscents ; ex. : les *E. alpinum* (n. 929), espèce européenne, *japonicum* (n. 930), *Perraldieranum* (n. 931), espèce africaine. L'*E. diphyllum*, du Japon (n. 938), appartient à la section *Aceranthes*, à fleurs dépourvues d'éperons. Le *Nandina domestica* (n. 932) est un arbuste japonais, à feuilles décomposées et à nombreux verticilles floraux trimères, à fruit charnu.

Podophyllées.

Les *Podophyllum* ont les feuilles peltées et palmatilobées ; leur fruit est une baie. Le *P. peltatum* (n. 926), de l'Amérique du Nord, a un rhizôme purgatif (*Drog.*, n. 61). Le *P. Emodi* (n. 927) est une espèce asiatique, à grosses baies rouges. Le *Jeffersonia diphylla* (n. 925), de l'Amérique du Nord, a des feuilles 2-lobées et un fruit sec, déhiscent en travers par un opercule. Le *Diphylleia cymosa* (n. 353), de l'Amérique du Nord, avec des feuilles de *Podophyllum*, a des fleurs réunies en cyme ombelliforme.

L'*Akebia quinata* (n. 933) et l'*Holbœllia latifolia* (n. 1288) représentent la série à 3 carpelles libres des *Lardizabalées*, qui rapproche la famille des Anonacées et Ménispermacées, et qui est caractérisée par un fruit multiple, formé d'un réceptacle obconique dont les cavités nombreuses renferment chacune un achaine.

NYMPHÆACÉES

Nélumbées.

Le *N. lutea* (n. 1894), de l'Amérique du Nord, a des tiges riches en fécule alimentaire.

Nymphéées.

Carpelles réunis en un ovaire pluriloculaire et à loges multiovulées, supère dans le *Nuphar luteum* (n. 1214), espèce indigène, à rhizôme épais, féculent et antidiarrhéique; infère dans le *Nymphæa alba* (n. 1215), mucilagineux, astringent et âcre.

PAPAVÉRACÉES

Platystémonées.

Le *Platystemon californicus* (n. 1475) est cultivé comme plante annuelle; il n'a pas d'usages en médecine.

Papavérées.

Les Pavots (*Papaver*) sont ou annuels, ou vivaces. Parmi ces derniers, les *P. orientale* (n. 234) et *bracteatum* (n. 235) ont les verticilles floraux 3-mères. Les espèces annuelles cultivées ont les fleurs dimères, comme le *P. somniferum* qui a deux variétés : *album* (n. 127), la plante à opium d'Orient (*Drog.*, n. 62, 63), et *nigrum* (n. 128), l'herbe qui donne l'*Huile* d'*Œillette* et quelquefois un opium indigène très actif.

Le *Coquelicot* (*Drog.*, n. 68), ou *P. Rhœas* (n. 230), et les espèces voisines, telles que les *P. dubium* (n. 231), *Argemone* (n. 232), ont des corolles rouges à verticilles dimères. Le *P. croceum* (n. 233) a la corolle jaune.

Les *Argemone* ont des fleurs ordinairement 3-mères, 4-6 placentas pariétaux et une capsule allongée dont les panneaux aban-

donnent à la maturité les placentas. L'*A. mexicana* (n. 236) es
évacuant. Son latex contient de la morphine. De même probablement celui des *A. grandiflora* (n. 237) et *ochroleuca* (n. 238).

Le *Bocconia cordata* (n. 239), espèce japonaise et de la section *Macleya*, a des fleurs 2-mères, sans corolle et un ovaire
uniovulé.

Le *Sanguinaria canadensis* (n. 262), herbe à latex rouge, à
pétales dédoublés, est employé en Amérique comme évacuant.

Le *Chelidonium majus* (n. 257) est une herbe indigène vivace,
à fruit siliquiforme, sans-fausse cloison, à latex jaune-orangé,
irritant.

Les *Glaucium fulvum* (n. 258) et *flavum* (n. 259), à fruit plus
long encore, avec fausse-cloison épaisse, ont des graines oléa
gineuses.

Les *Rœmeria refracta* (n. 263) et *hybrida* (n. 264), avec la
fleur d'un Coquelicot, ont un fruit étroit et allongé, à 2-4 placentas pariétaux. Ce sont des herbes annuelles d'origine européenne et asiatique.

Eschlscholtziées.

Représentées par deux herbes annuelles, américaines : l'*Es-
chlscholtzia californica* (n. 260) et l'*E. fumariæfolia* (n. 261),
de la section *Hunnemannia*.

Fumariées.

Types à 4 étamines égales, oppositipétales : les *Hypecoum
grandiflorum* (n. 246) et *procumbens* (n. 247).

Les *Dicentra*, avec des fleurs régulières, à 2 pétales épe-
ronnés ou dilatés en sac, ont 6 étamines 2-adelphes, dont 4 uni-
loculaires ; ex. le *D. formosa* (n. 255), espèce américaine, et le
D. spectabilis (n. 256), espèce asiatique. L'*Adlumia scandens*
(n. 1836) est une herbe grimpante, pourvue de cirrhes, à fleurs
de *Dicentra*.

Les *Corydalis* ont des fleurs irrégulières, à un seul pétale éperonné, comme les *C. bulbosa* (n. 253), *nobilis* (n. 252), *lutea* (n. 254), *ochroleuca* (n. 1660).

Les Fumeterres (*Fumaria*), avec les fleurs irrégulières des *Corydalis*, n'ont plus qu'un ovule et un fruit indéhiscent, monosperme. On emploie comme dépuratifs les *F. officinalis* (n. 248) (*Drog.*, n. 69), *spicata* (n. 249), *parviflora* (n. 250) et *capreolata* (n. 251), herbes indigènes et annuelles.

CAPPARIDACÉES

Le *Cleome pentaphylla* (n. 1682) représente les *Cléomées*, à étamines définies, à fruit sec ; et le *Capparis spinosa* (n. 243), les *Capparées*, à étamines en nombre indéfini, à fruit charnu et stipité. Ses boutons confits au vinaigre sont les *câpres*.

CRUCIFÈRES

Cheiranthées.

Le *Cheiranthus Cheiri* (n. 1007), ou *Violier, Giroflée jaune*, peu usité, passe pour diurétique et antispasmodique.

Les *Nasturtium* font partie des *Cressons*, antiscorbutiques. Le plus estimé est le *N. officinale* (n. 870), ou *C. de fontaine*, à fleurs blanches. Les *N. amphibium* (n. 1210) et *sylvestre* (n. 869) sont des espèces indigènes à fleurs jaunes.

Les *Barbarea* sont aussi antiscorbutiques. Le *B. vulgaris* (n. 867), ou *Herbe Sainte-Barbe, au charpentier*, est vulnéraire. Le *B. præcox* (n. 1196) a les mêmes propriétés, et ses feuilles sont comestibles.

Les *Arabis alpina* (n. 866) et *albida* (n. 1290) ne sont pas employés en médecine.

Les *Cardamine* sont souvent antiscorbutiques, principale
ment le *C. pratensis* (n. 868), ou *Cresson des prés*. Le *C. Impa
tiens* (n. 1187) est inusité.

Les *Matthiola incana* (n. 896) et *græca* (n. 638) sont no
Giroflées blanches et roses.

L'*Anastatica hierochuntina* (n. 1205), ou *Rose de Jéricho*
est célèbre par les superstitions qui s'y rattachent et par le rôl
que les charlatans lui ont fait jouer dans le pronostic des accou
chements. On s'en procure difficilement des semences; on l
cultive cependant quelquefois comme plante annuelle.

Le *Sisymbrium Alliaria* (n. 899), type d'une section, et auss
nommé *Alliaria officinalis* DC., a l'odeur des Aulx et a ét
administré comme vermicide et antiasthmatique. Ses graine
sont sinapisantes. Le *S. Sophia* (n. 1201), aujourd'hui inusité
était jadis célèbre, sous le nom de *Sagesse des chirurgiens*. L
S. acutangulum (n. 1206) et le *S. strictissimum* (n. 1207)
espèce vivace, ont les fleurs jaunes.

L'*Erysimum officinale* (n. 1218) ou *Vélar*, est encore nomm
Herbe aux chantres; ce qui indique les propriétés qu'on lu
attribue ; il sert à faire un sirop antiscorbutique.

Le *Malcolmia maritima* (n. 898) se cultive comme plant
annuelle, sous le nom de *Giroflée de Mahon.*

L'*Hesperis matronalis* (n. 864) est la *Julienne* des jardins.

Le *Schizopetalum Walkeri* (n. 1197), plante américaine an
nuelle, est remarquable par ses pétales découpés ; on sait qu'il
sont ordinairement entiers dans la famille.

Les Choux (*Brassica*) forment actuellement un genre uniqu
avec les Moutardes et les *Diplotaxis*. Le *B. oleracea* (n. 1188)
ou *Chou potager*, passe pour avoir comme type sauvage le *B
sylvestris* DC. Ses variétés principales seraient les *B. ol. sabel
lica* (n. 1176) et *gemmifera* (*Ch. de Bruxelles*). On considère auss
comme des formes de la même espèce le *B. Botrytis* (n. 1192), o
Ch. fleur, Brocoli, et le *B. caulorapa* (n. 1191) ou *Ch. rave.* L
B. campestris (n. 1189) est le *Colza*, cultivé pour ses graine

oléagineuses; le *B. Rapa* (n. 1637) se cultive aussi en grand pour l'alimentation du bétail. Le *B. Napus* (n. 1190) a une racine comestible, le *Navet*. Le *B. nigra* (n. 14) représente la section *Melanosinapis* et donne la graine de Moutarde noire (*Drog.*, n. 70); le *B. alba* (n. 15), la section *Leucosinapis* et produit celle de *Moutarde blanche* (*Drog.*, n. 71). Le *B. arvensis* (n. 1194), jadis du genre *Sinapis*, est la *Sanve* sauvage. Le *B. tenuifolia* (n. 1185) représente la section *Diplotaxis* et s'emploie comme antiscorbutique, sous le nom de *Roquette sauvage*.

L'*Eruca sativa* (n. 1186), qui était le *Brassica Eruca* L., porte le nom de *Roquette cultivée*. Ses graines sont âcres; ses feuilles sont comestibles. Les *Heliophila* (n. 1899) sont du Cap.

Raphanées.

Série représentée par les Radis (*Raphanus*) qui ont le fruit indéhiscent ou lomentacé. Le *R. sativus* (n. 1195), à pivot charnu, piquant, comestible, a pour variétés la Rave ou *R. radicula* PERS. et le Radis noir ou *R. niger* MÉR. (n. 1778). Le *R. Raphanistrum* (n. 1213), ou *Ravenelle des champs*, a les fruits segmentés en travers. Le *R. Landra* (n. 1212), espèce méditerranéenne, est vivace, à fleurs blanches ou plus souvent jaunes.

Cakilées.

Le *Cakile maritima* (n. 663) a un fruit formé de 2 articles monospermes; c'est une plante des sables de nos côtes.

Le *Crambe maritima* (n. 862), ou *Chou marin*, a un fruit à 2 articles, le supérieur globuleux, subdrupacé et monosperme.

Isatidées.

L'*Isatis tinctoria* (n. 861), *Pastel des teinturiers* ou *Guède*, se cultive comme plante vivace. Les *Bunias orientalis* (n. 897) et *Erucago* (n. 1204) passent pour diurétiques.

Lunariées.

Les *Lunaria biennis* (n. 1009) et *rediviva* (n. 1211), aujour-d'hui inusités, ont de larges silicules plates à fausse cloison elliptique, translucide. Le *Farsetia clypeata* (n. 1203) repré-sente un genre très voisin, à silicule également aplatie et ellip-tique. L'*Alyssum saxatile* (n. 873) appartient à un vaste genre dont quelques espèces ont été vantées contre le scorbut et même contre la rage.

La *Draba verna* (n. 1202), petite herbe annuelle, à floraison très précoce, appartient à la section *Erophila* de ce genre.

Les *Cochlearia* sont les plus importantes des Crucifères anti-scorbutiques, soit les espèces types du genre, comme le *C. offi-cinalis* (n. 875), ou *Herbe aux cuillers*, et le *C. danica* (n. 876), petite espèce à fleurs violacées; soit celles de la section *Roripa*, comme le *C. Armoracia* (n. 874), ou *Grand-Raifort sauvage*, espèce vivace qui, avec le *C. officinalis*, entre dans la composi-tion du sirop et du vin antiscorbutiques.

L'*Aubrieta deltoidea* (n. 891) est une petite plante d'Orient, ornementale, à fleurs précoces d'un bleu lilas.

Le *Camelina sativa* (n. 865) est cultivé en grand comme plante annuelle à graines oléagineuses.

Thlaspidées.

Le *Thlaspi arvense* (n. 1291), herbe indigène, antiscorbutique, doit à ses fruits aplatis le nom de *Monnayère*.

Les *Iberis*, dont la corolle est irrégulière, ont des propriétés analogues; ce sont surtout des plantes ornementales, comme l'*I. sempervirens* (n. 895) et l'*I. umbellata* (n. 1199).

Les *Lepidium* font partie des cressons employés comme anti-scorbutiques : le *L. campestre* (n. 893); le *L. latifolium* (n. 894), ou *Grande-Passerage*, *Moutarde des Anglais*. Le *L. sativum* (n. 892) est le *Cresson alénois*.

Le *Coronopus Ruellii* (n. 1393), le *Senebiera Coronopus* DC., humble herbe indigène, s'emploie comme diurétique et anti-scorbutique, sous le nom d'*Ambroisie sauvage*.

Le *Capsella Bursa-pastoris* (n. 871), mauvaise herbe annuelle, passait pour antiscorbutique et astringent.

L'*Æthionema coridifolium* (n. 872) représente un genre méditérranéen et oriental, à fruit cymbiforme, ailé.

RÉSÉDACÉES

Le genre *Reseda*, à fleurs irrégulières, à ovaire uniloculaire, béant et à placentas pariétaux, est représenté par le *R. lutea* (n. 240) et le *R. Luteola* (n. 241), ou *Gaude*, espèce à matière colorante jaune, et par le *R. alba* (n. 265), plantes indigènes. Le *R. odorata* (n. 242), espèce orientale ou (?) africaine, cultivée comme annuelle, remarquable par le parfum de ses fleurs, a été jadis vanté comme sédatif.

CRASSULACÉES

Plantes *grasses* et croissant volontiers sur les murailles, les rocailles. Fleurs régulières, ordinairement diplostémonées, à carpelles indépendants, souvent au nombre de 5, comme dans les Grassettes (*Sedum*). Le *S. Telephium* (n. 1396), ou *Orpin, Reprise, Herbe aux coupures*, a des feuilles charnues, considérées comme vulnéraires, astringentes. Les *S. acre* (n. 1395), ou *Trique-Madame*, et *reflexum* (n. 1397) sont aussi des herbes indigènes. Les Joubarbes (*Sempervivum*) ont un androcée diplostémoné et plus de 5 parties aux verticilles floraux. Le *S. tectorum* (n. 1398), riche en eau et renfermant des malates, s'applique comme rafraîchissant sur les brûlures, abcès, hémorrhoïdes, etc. Le

Cotytedon Umbilicus (n. 1399), herbe indigène, se distingue par sa corolle tubuleuse et gamopétale dans une famille à pétales d'ailleurs indépendants.

SAXIFRAGACÉES

Saxifragées.

Sans usages actuels en médecine, les *Saxifraga* cultivés sont herbacés, à ovaire supère ou infère, à deux placentas pariétaux. Tels les *S. granulata* (n. 1218), espèce indigène, jadis vantée contre la pierre, *umbrosa* (n. 1362), *Geum* (n. 1217), *crassifolia* (n. 1216), *Cotyledon* (n. 1364), *Hueti* (n. 1566), plante d'Orient et *sarmentosa* (n. 1363), espèce chinoise, à fleurs exceptionnellement irrégulières. Les *Heuchera cylindrica* (n. 915), *glabra* (n. 1347) et le *Tellima grandiflora* (n. 1348), sont des Saxifragées de l'Amérique du Nord. L'*Astilbe japonica* (n. 914), ornemental, relie la famille aux Rosacées-Spirééales.

Francoées.

Le *Francoa sonchifolia* (n. 1317) est une herbe vivace du Chili, sans usage en médecine.

Hydrangées.

Les *Hydrangea Hortensia* (n. 574) et *quercifolia* (n. 575), arbustes à fleurs dimorphes, sont cultivés comme ornementaux.

Philadelphées.

Jadis rapproché des Myrtacées, ce groupe est représenté par les *Deutzia scabra* (n. 1442) et *gracilis* (n. 1443), à fleurs 10-andres et par le *Philadelphus coronarius* (n. 1884), à étamines en nombre indéfini, à corolles fortement odorantes, connu dans nos cultures sous le nom de *Seringat*.

Escalloniées.

Les *Escallonia*, tels que l'*E. floribunda* (n. 1451), sont de l'Amérique méridionale tempérée. L'*Itea virginica* (n. 961) est du même groupe; son ovaire est en grande partie libre.

Pittosporées.

Représentées par deux arbustes exotiques : le *Pittosporum undulatum* (n. 1200) et le *P. Tobira* (n. 1346), espèce sibérienne, à fleurs odorantes, comme celles des Orangers.

Ribésiées.

Série à fruits charnus, formée du genre Groseillier (*Ribes*). Le *R. nigrum* (n. 573) donne le *Cassis ;* le *R. rubrum* (n. 570), les groseilles rouges et blanches; le *R. Uva-crispa* (n. 572), dont le meilleur nom est *R. Grossularia*, les groseilles à maquereaux. Les *R. sanguineum* (n. 572), *floridum* (n. 1266), *aureum* (n. 1434) sont des arbustes d'ornement.

Hamamélidées.

L'*Hamamelis virginica* (n. 148) est employé en médecine contre les congestions et hémorrhagies passives. Le *Parrotia persica* (n. 441), arbre assez élevé, a des fleurs apétales, 6, 7-andres. Le *Corylopsis spicata* (n. 473), arbuste du Japon, à 5 étamines et 5 staminodes (?) alternes.

Euptéléées.

L'*Euptelea polyandra* (n. 609), aussi rapporté aux Magnoliacées, est une Hamamélidée d'Asie, à carpelles indépendants.

Liquidambarées.

Arbres à fleurs unisexuées ou polygames, dont les tiges renferment un suc balsamique. Le *Liquidambar orientalis* (n. 167), de l'Asie Mineure, sert à l'extraction du *Baume storax liquide* ou *rouge*. Le *L. styraciflua* (n. 1465), de l'Amérique du

Nord, produit le *Baume Copalme* ou *Liquidambar d'Amérique*.

Platanées.

Le *Platanus vulgaris* (n. 1783), comprenant les *P. orientalis* et *occidentalis* des auteurs, se rapproche beaucoup des *Liquidambar* par tous ses caractères; il n'a dans chacun de ses carpelles qu'un ou deux ovules orthotropes.

Datiscées.

Le *Datisca cannabina* (n. 1865) a des fleurs dioïques, apétales, à calice court, et dont l'ovaire infère renferme 3, 4 placentas pariétaux, multiovulés. On l'a recommandé en Orient contre les fièvres intermittentes, les affections gastriques; c'est un médicament évacuant.

URTICACÉES

Urérées.

Les Orties (*Urtica*) ont les fleurs unisexuées, régulières, apétales. L'*U. urens* (n. 1516), annuel, et l'*U. dioica* (n. 1515), vivace, portent des poils glanduleux brûlants et servent à l'*urtication* médicale.

Bœhmériées.

Le *Bœhmeria nivea* (n. 1514), ou *Ramie*, produit le *Chanvre de Chine*, plante textile actuellement fort recherchée.

Pariétariées.

Le *Parietaria officinalis* (n. 1509), plante polygame, passe pour diurétique, sudorifique, et contient, dit-on, du nitre.

NYCTAGINACÉES

Les *Belles-de-nuit* (*Mirabilis*), encore appelées *Nyctago*, ont un calice coloré qui simule une corolle, un ovaire uniloculaire; et un seul ovule dressé. Les *M. Jalapa* (n. 299) et *longiflora* (n. 1170), à souches purgatives, constituant un *faux jalap*, sont des plantes américaines. L'*Oxybaphus viscosus* (n. 1611) a la fleur entourée d'un involucre qui s'accroît après l'anthèse.

PHYTOLACCACÉES

Famille représentée par le *Phytolacca decandra* (n. 298), ou *Raisin d'Amérique,. Herbe à la laque*, plante vivace, à racine évacuante, à fruits purgatifs, à suc rouge du péricarpe tinctorial, servant à colorer les vins. Le *P. abyssinica* (n. 1435) appartient à la section *Pircunia* du même genre.

MALVACÉES

Sterculiées.
. Les *Sterculia* ont les carpelles indépendants et sont ligneux. Le *S. platanifolia*, de l'extrême Orient, qui supporte difficilement la pleine terre chez nous, a des graines comestibles. Le *S. Balanghas* (n. 733), de l'Inde, a des graines oléagineuses. Comme le *S. acutifolia* (n. 732) et le *Cola heterophylla* (n. 1273), il est cultivé dans nos serres chaudes.

Hermanniées.

Non médicinales; représentées dans les jardins par quelques *Hermannia* (n. 1718) et *Melochia* (n. 1634).

Buettnériées.

Le *Theobroma Cacao* (n. 26) ne supporte pas chez nous le plein air; il est cultivé dans les serres chaudes. On emploie, sous le nom de *Cacao* (*Drog.*, n. 83), son embryon, riche en *théobromine* et en une matière grasse, dite *Beurre de Cacao*. Il est d'origine américaine tropicale.

Malvées.

Les Mauves (*Malva*) ont de nombreux carpelles uniovulés, qui deviennent autant d'achaines dans le fruit mûr. On emploie, comme émollientes et mucilagineuses, deux espèces indigènes : le *M. rotundifolia* (n. 740), ou *Petite-Mauve*, et le *M. sylvestris* (n. 739), ou *Grande-Mauve* (*Drog.*, n. 79, 80). Les *M. mauritiana* (n. 742), *crispa* (n. 742), *moschata* (n. 738), *Alcea* (n. 737) auraient des propriétés identiques.

Les *Althæa* ne diffèrent des *Malva* que par leur calicule gamophylle à 6-9 divisions. L'*A. officinalis* (n. 736), ou *Guimauve officinale*, est un des émollients les plus employés (*Drog.*, n. 81, 82). Les *A. cannabina* (n. 735) et *taurinensis* (n. 1708) pourraient lui être substitués. L'*A. rosea* (n. 734) est la *Rose-trémière*, cultivée comme plante bisannuelle.

Les *Lavatera trimestris* (n. 554) et *thuringiaca* (n. 1719) appartiennent à une section du genre *Althæa* caractérisée par une dilatation du réceptacle floral au-dessus des carpelles.

Les *Napæa* sont des Malvées à fleurs dioïques; ex. : les *N. scabra* (n. 743) et *lævis* (n. 1720), de l'Amérique du Nord. L'*Anoda hastata* (n. 794) est aussi une Malvée américaine, émolliente. Le *Plagianthus divaricatus* (n. 559) est un type océanien anormal, frutescent, à carpelles solitaires ou très peu nombreux.

L'*Abulilon striatum* (n. 1633) a des carpelles secs et aussi bivalves; c'est une plante émolliente.

Malopées.

Dans cette série, le gynécée est formé de nombreux carpelles libres, à ovule solitaire et ascendant dans chacun d'eux, groupés en tête sur le réceptacle floral. Le *Malope trifida* (n.552) se cultive comme plante annuelle et ornementale. Le *Kitaibelia vitifolia* (n. 553), qui a le même gynécée, est une herbe vivace de la région danubienne.

Hibiscées.

Les Ketmies (*Hibiscus*) ont l'ovaire pluriloculaire, à loges multiovulées et le fruit capsulaire, polysperme. Les *H. syriacus* (n. 194), ligneux, et *Trionum* (n. 195), annuel, sont ornementaux. Les *H. militaris* (n. 196), *roseus* (n. 1825) et *palustris* (n. 1826) sont textiles. L'*H. Manihot* (n. 799) et l'*H. esculentus* (n. 744) ou *Gombault*, sont comestibles, émollients. L'*H. Abelmoschus* (n. 198) donne la graine parfumée d'*Ambrette*. L'*H. Rosa sinensis* (n. 197), cultivé dans nos serres, est en Chine employé en médecine et sert à faire un papier. Le *Gossypium barbadense* (n. 746) est le plus cultivé des *Cotonniers*, recherché pour la matière textile que portent à leur surface ses graines et pour l'huile de son embryon corrugué.

TILIACÉES

Les Tilleuls (*Tilia*) sont employés pour leurs fleurs mucilagineuses et parfumées (*Drog.*, n. 84), entre autres le *T. platyphylla* (n. 200), le *T. argentea* (n. 201), etc. Le *Sparmannia africana* (n. 729) est célèbre par les mouvements provoqués de ses étamines. Le *Grewia occidentalis* (n. 1829) et l'*Aristotelia*

Maqui (n. 560), du Chili, représentent les séries, l'un des *Grewiées*, l'autre des *Elæocarpées*.

TERNSTRŒMIACÉES

Représentées par plusieurs thés (*Thea*) : le *T. chinensis* (n. 751) dont la feuille sert à préparer les *thés vert* (*Drog.*, n. 85) et *noir* (*Drog.*, n. 86); le *T. Sasanqua* (n. 750) qui sert à les aromatiser; le *T. japonica* (n. 752) qui est le *Camellia* commun de nos serres. Le *Visnea Mocanera* (n. 1323), des Canaries et de Madère, est remarquable par son fruit sec et recouvert d'une induvie charnue.

BIXACÉES

Se distinguent des types précédents par leur placentation pariétale. Toutes sont exotiques : le *Bixa Orellana* (n. 747), ou *Rocouier*, à graines riches en matière colorante; l'*Oncoba spinosa* (n. 748), le *Kiggelaria africana* (n. 748), l'*Idesia polycarpa* (n. 199), plante chinoise et japonaise, à fruits comestibles.

CISTACÉES

On en cultive deux genres : les *Cistus*, tels que le *C. salicifolius* (n. 1641); le *C. incanus* (n. 1640); le *C. creticus* (n. 494), la plante au *Ladanum de Crète* (*Drog.*, n. 87); le *C. ladaniferus* (n. 495), celle au *Ladanum d'Espagne*; et les *Helianthemum*, comme l'*H. vulgare* (n. 496), l'*H. Fumana* (n. 497), l'*H. pilo-*

sum (n. 1891). Tous ont des tiges humbles et la placentation pariétale, avec des ovules le plus souvent suborthotropes.

VIOLACÉES

On ne plante guère dans les jardins que des types à fleurs irrégulières, tels que les *Viola* qui sont : ou des *Pensées*, comme les *V. tricolor hortensis* (n. 312) et *tricolor arvensis* (n. 313), ou *Pensée sauvage* (*Drog.*, n. 89), dépuratifs, le *V. altaica* (n. 309); ou des *Violettes* proprement dites, comme le *V. odorata* (n. 310), à fleurs (*Drog.*, n. 88) pectorales, légèrement évacuantes, soit de couleur foncée, soit blanches, comme dans le *V. odorata alba* (n. 311), et les *V. sylvestris* (n. 1013), *stagnina* (n. 1015), *rothomagensis* (n. 1014), *cucullata* (n. 1728), *cornuta* (n. 1727), *canina* (n. 1282). Le *Melicytus ramiflorus* (n. 1316), de la Nouvelle-Zélande, a cependant les fleurs presque régulières; c'est un arbuste cultivé dans nos serres froides et tempérées.

OCHNACÉES

Très rares dans les jardins; représentées par une seule espèce africaine, à fruit multiple et formé de 5 baies monospermes, sur un réceptacle charnu, l'*Ochna capensis* (n. 176).

RUTACÉES

Rutées.

Les Rues (*Ruta*) ont, sur un même pied souvent, des fleurs 4-et

5-mères, un androcée diplostémoné, des ovaires en partie i
dépendants. Ex. : les *R. graveolens* (n. 423) (*Drog.*, n. 90), *div*
ricata (n. 1453), *montana* (n. 1845). Le *Dictamnus Fraxinell*
(n. 952), avec la même organisation à peu près de l'androcée
du gynécée, a une corolle irrégulière (*Drog.*, n. 91). Toutes c
plantes sont riches en glandes à essence odorante.

Diosmées et Boroniées.

Représentées par le *Correa alba* (n. 956), d'Australie, et
Barosma crenata (n. 1830), du Cap, plantes à glandes gorgé
d'essence, dont les congénères donnent les *Buchu*.

Zanthoxylées.

Le *Zanthoxylum fraxineum* (n. 427) est rustique. Les *Z. pip*
ritum (n. 1703), de la section *Fagara* et le *Z. panispinu*
(n. 1839) sont aussi très odorants. Le *Choisya ternata* (n. 425
du Mexique, est cultivé comme ornemental.

Le *Pilocarpus pennatifolius* (n. 174), de l'Amérique d
Sud, est un des *Jaborandi* (*Drog.*, n. 92) aujourd'hui employ
comme sialagogues, sudorifiques, antidiphtéritiques, etc.

Les *Skimmia*, types asiatiques à ovaire pluriloculaire, ont d
fleurs polygames-dioïques. Ex. : *S. oblata* (n. 966), *Laureol*
(n. 433), *fragrans* (n. 967), *rubella* (n. 968), *japonica* (n. 434
Le *Ptelea trifoliata* (n. 426), quoique vulgairement nomm
Orme de Samarié, est originaire de l'Amérique du Nord; s
fruits sont des samares. C'est un tonique-amer.

Citrées ou Aurantiées.

Le *Limonia madagascariensis* (n. 1476), de la section *Glyco*
mis, a des loges ovariennes uniovulées. Le *Clausena punctat*
(n. 1283), type de la section *Cookia*, a des loges biovulées
des feuilles composées-pennées. Les *Citrus* ne supportent pas
pleine terre chez nous, sauf le *C. trifoliata* (n. 439), de l'extrêm
Orient. Les autres, plus utiles, sont le *C. Aurantium* (n. 435

ou *Oranger doux*, le *C. Bigaradia* (n. 436), ou *O. amer* (*Drog.*, n. 93, 94), le *C. Limonum* (n. 438), ou *Limonier*, qui porte les Citrons, le *C. medica* (n. 437), qui donne les Cédrats.

Quassiées.

Le *Quassia amara* (n. 77) donne le *Bois amer de Surinam* (*Drog.*, n. 86). On emploie davantage, sous le même nom, le bois du *Picræna excelsa* (n. 175), des Antilles (*Drog.*, n. 97). L'*Ailantus glandulosa* (n. 618), ou *Faux-Vernis du Japon*, arbre chinois, rustique, vermicide, antidiarrhéique, a des folioles glandulifères à odeur fétide et un fruit multiple formé de samares.

Cnéorées.

Le *Cneorum tricoccum* (n. 432), ou *Chamélée, Garoupe*, commun dans le Midi, remarquable par ses fleurs 3-mères, est purgatif et détersif.

Zygophyllées.

Le *Zygophyllum Fabago* (n. 418), ou *Fabagelle*, plante vivace de l'Orient, est employé dans son pays natal comme anthelminthique et antisyphilitique.

Le *Peganum Harmala* (n. 421), espèce également vivace et orientale, est usité sous le nom d'*Harmel*, comme anthelminthique, sudorifique, emménagogue.

Le *Tribulus terrestris* (n. 429) passe dans le Midi pour apéritif et tonique; on emploie ses racines, ses feuilles et ses fruits.

Les Gaiacs (*Guaiacum*) sont de l'Amérique du sud et du centre. Le *G. officinale* (n. 430) donne un bois sudorifique célèbre (*Drog.*, n. 95) dont on extrait une résine douée de propriétés semblables. Le *G. hygrometricum* (n. 431) est le type de la section *Porliera*.

Nitrariées.

Le *Nitraria Schoberi* (n. 428) est une des très rares plantes

de cette série qu'on cultive en Europe ; il croît dans les terrains
sableux et salés de l'Orient.

Coriariées.

Le *Coriaria myrtifolia* (n. 422) est le *Redoul* de la région
méditerranéenne, plante vénéneuse, dont on a parfois mélangé
les feuilles à celles du Séné. Le fruit est dangereux aussi. Les
feuilles servent surtout aux teinturiers et aux tanneurs.

GÉRANIACÉES

Géraniées.

Les *Geranium* ont la fleur régulière et 10 étamines fertiles.
Plantes odorantes, stimulantes, astringentes. Ex. : *G. Robertianum* (n. 1671), ou *Bec de grue*, herbe indigène ; *G. pratens*
(n. 208), *sanguineum* (n. 209), *platypetalum* (n. 210), indigène
et vivaces ; *G. maculatum* (n. 210), l'*Alum-Root* des États-Unis,
antidiarrhéïque puissant et même antidysentérique.

Les *Erodium*, comme l'*E. cicutarium* (n. 1565), herbe indigène vivace, n'ont que 5 étamines fertiles.

Les *Pelargonium* ont les fleurs irrégulières, un éperon di-
adhérent et ordinairement 7 étamines fertiles. La plupart sont
de l'Afrique australe, comme les *P. zonale* (n. 957) et *peltatum*
(n. 958), espèces ornementales. Le *P. capitatum* (n. 1452) est
cultivé pour son essence, imitant celle des roses.

Tropæolées.

Les Capucines (*Tropæolum*) ont des fleurs irrégulières, un
éperon libre et 8 étamines fertiles. Elles sont antiscorbutiques
à peu près comme les Crucifères, notamment les *T. majus*
(n. 703), ou *Grande Capucine, Cresson du Pérou* ; le *T. minus*

(n. 704), le *T. peregrinum* (n. 702). Le *T. tuberosum* (n. 952) a des rhizômes charnus, épais, trapus, comestibles.

Balsaminées.

Les Balsamines (*Impatiens*) ont des fleurs irrégulières, un éperon libre, 5 étamines, des loges ovariennes multiovulées et un fruit déhiscent avec élasticité. Ex. : *I. Balsamina* (n. 206), ornemental; *Royleana* (n. 207), plante indienne introduite; *parviflora* (n. 1607) et *Noli tangere* (n. 705), espèces indigènes.

Flœrkéées.

Plus connues sous le nom de *Limnanthées*, relient les Géraniacées aux Rutacées, par les Zygophyllées. Fleur régulière, à 10 étamines. Ex. : *Flœrkea Douglasii* (n. 519) et *alba* (n. 420), plantes américaines et cultivées chez nous comme annuelles.

Oxalidées.

Souvent considérées comme famille distincte; rattachent les Malvacées et les Linacées aux Géraniacées. Les Surelles (*Oxalis*) cultivées sont nombreuses, comme l'*O. Acetosella* (n. 756), dont on extrait de l'acide oxalique; l'*O. corniculata* (n. 757), indigène, à fleurs jaunes : les *O. Deppei* (n. 754), *crenata* (n. 755), *valdiviana* (n. 759), *tetraphylla* (n. 758), *rosea* (n. 760), espèces américaines : les deux premières à tiges souterraines charnues, comestibles, organisées comme les pommes de terre auxquelles on a voulu les substituer dans l'alimentation européenne.

LINACÉES

Linées.

Les Lins (*Linum*) ont 5 étamines fertiles, 5 staminodes et une fausse cloison entre les 2 ovules d'une même loge. Le *L.*

catharticum (n. 138) est une petite herbe indigène. Le *L. trigynum* (n. 761), à ovaire 3-loculaire, est le type de la section indienne *Reindwartia*. Le *L. grandiflorum* (n. 137) a les fleurs rouges. Parmi celles à fleurs bleues, les plus connues sont le *L. perenne* (n. 550), espèce vivace, et le *L. usitatissimum* (n. 136), cultivé comme annuel, à écorce textile, à graines (*Drog.*, n. 101) qui fournissent en abondance de l'huile et du mucilage.

Erythroxylées.

Le seul genre *Erythroxylon* est cultivé dan s les serres, notamment l'*E. macrophyllum* (n. 773) et l'*E. Coca*, de l'Amérique tropicale, dont les feuilles elliptiques (*Drog.*, n. 102) constituent.un célèbre médicament d'épargne.

POLYGALACÉES

Les *Polygala*, à fleurs irrégulières, sont les uns indigènes, d'une culture difficile, comme les *P. vulgaris* (n. 710), *calcarea* (n. 711), *amara;* ou bien exotiques, comme le *P. oppositifolia* (n. 712), arbuste du Cap, de serre tempérée.

EUPHORBIACÉES

Euphorbiées.

Fleurs régulières, hermaphrodites. Ce sont des *Euphorbia :* l'*E. Lathyris* (n. 214), ou *Epurge*, à feuilles opposées, quadrisériées, sans stipules; plante fortement purgative par ses graines (*Drog.*, n. 106); l'*E. hypericifolia* (n. 211), à feuilles opposées avec stipules, et nos espèces indigènes à feuilles alternes, sans stipules, comme l'*E. sylvatica* (n. 212), l'*E. Gerardiana* (n. 767), l'*E. Characias* (n. 243); l'*E. orientalis* (n. 215), non indigène et du même groupe. Les Euphorbes cactiformes sont exotiques : l'*E. canariensis* (n. 769), l'*E. neriifolia* (n. 445) et l'*E. resinifera* qui donne au Maroc la *Gomme-résine d'Euphorbe* (*Drog.*, n. 105), médicament évacuant d'une énergie extrême.

Ricinées.

Le *Ricinus communis* (n. 472) a des fleurs monoïques et apétales, les mâles polyandres, polyadelphes. L'huile purgative se tire des graines (*Drog.*, n. 107).

Jatrophées.

Les Médiciniers (*Jatropha*) ont la corolle polypétale, comme les *J. multifida* (n. 765), ou *Arbre de corail*, et *podagrica* (n. 766); ou gamopétale, comme le *J. Curcas* (n. 764), ou *Grand Pignon d'Inde* (*Drog.*, n. 108). Tous sont des purgatifs énergiques. Les *Manihot* sont des *Jatropha* apétales; tels le *M. carthaginensis* (n. 1270), vivace, et le *M. utilis* (n. 1269), dont les racines donnent le *Tapioca* (*Drog.*, n. 108).

Le *Tournesolia tinctoria* (n. 1513) produit le *Tournesol en drapeaux;* cultivé surtout en Provence, pour l'industrie.

Le *Cluytia pulchella* (n. 722) est un arbuste dioïque, du Cap, qui rappelle par ses fleurs les Euphorbiacées biovulées.

L'*Echinus philippinensis* (n. 772), jadis nommé *Rottlera tinctoria*, de l'Asie et de l'Océanie tropicales, produit des glandes du péricarpe constituant le *Kamala*, tinctorial et tænicide.

Les Mercuriales (*Mercurialis*) sont des herbes indigènes, laxatives, notamment les *M. annua* (n. 216), ou *Foirolle* (*Drog.*, n. 12), qui entre dans la composition d'un miel purgatif, et le *M. perennis* (n. 217), espèce vivace des bois, tous les deux dioïques.

Les Ricinelles (*Acalypha*) ont presque les fleurs des Mercuriales, avec des loges d'anthère vermiculaires. Plantes apétales des pays chauds; l'*A. phleoides* (n. 1643) est américain.

Les *Alchornea* habitent les régions chaudes du monde entier.

l'*A. ilicifolia* (n. 1717) a, sous le nom de *Cœlebogyne*, joué un grand rôle dans l'histoire de la parthénogénèse.

Le *Dalechampia spathulata* (n. 1266), du Mexique, a les fleurs très rapprochées en groupe monoïques, entourés de larges bractées simulant un périanthe.

Crotonées.

Le vrais *Croton* sont des pays chauds et ne se cultivent guère qu'en serre. Le *C. Tiglium* (n. 762), le plus important de l'Asie tropicale, donne les graines *de Tilly* ou *Petits Pignons d'Inde* (*Drog.*, n. 110), purgatif énergique. Les *C. balsamiferum* (n. 763), espèce aromatique, et *tomentosum* (n. 763) sont américains.

Excæcariées.

Les *Excæcaria* ou *Arbres aveuglants*, à latex très âcre, ont des fleurs unisexuées, 2, 3-mères, 2, 3-andres ou à ovaire 2,3-loculaire, comme l'*E. indica* (n. 2616) et l'*E. sebifera* (n. 1267), de l'Amérique du Nord, à tégument séminal externe épais et contenant une sorte de suif exploité.

Phyllanthées.

Les *Phyllanthus* ont des loges ovariennes biovulées et des fleurs mâles sans rudiment de gynécée. Le *P. angustifolius* (n. 723), espèce à cladodes, est de la section *Xylophylla*. Le *P. Cicca* (n. 724), le *Chéramelier*, a des fleurs 4-mères et des fruits charnus. Le *P. grandifolius* (n. 1271) est américain, et le *P. Niruri* (n. 218), espèce souvent annuelle, de l'Asie tropicale, est un diurétique renommé dans ce pays.

Les *Securinega* ont, avec des loges biovulées, un gynécée rudimentaire dans la fleur mâle. Le *S. ramiflora* (n. 1272) est le type de la section *Geblera*. Le *S. Leucopyrus* (n. 771), de l'Inde orientale, a exceptionnellement ur fruit charnu, rappelant celui des *Symphoricarpos*. L'*Andrachne australis* (n. 770),

avec les petites fleurs unisexuées des types précédents, a 5 étamines insérées autour d'un rudiment de gynécée.

TÉRÉBINTHACÉES

Spondiées.

Le *Spondias pleiogyna* (n. 1847), espèce australienne, à feuilles alternes et imparipennées, a, dit-on, des fruits comestibles.

Anacardiées.

Le *Schinus Molle* (n. 1443), de l'Amérique du Sud, riche en
glandes à essence, a un fruit poivré (*Poivrier d'Amérique*); se
cultive en plein air dans le Midi. Les Sumacs (*Rhus*) sont souvent astringents, employés en teinture, comme les *R. Cotinus*
(n. 205), *glabrum* (n. 706) et *typhinum* (n. 1608). Le *R. succedaneum* (n. 204) produit, en Chine et au Japon, une cire abondante extraite de ses fruits. Les *R. radicans* (n. 202) et *Toxicodendron* (n. 203) sont des poisons violents et irritent fortement
la peau et les muqueuses; il faut éviter leur contact.

Les Pistachiers (*Pistacia*) ont des fleurs dioïques et apétales
Le *P. vera* (n. 131), ou *Pistachier franc*, donne des graines
oléagineuses, comestibles, les *Pistaches*. Le *P. Lentiscus*
(n. 132) et le *P. Terebinthus* (n. 133), de la région méditerranéenne, produisent l'un le *Mastic* (*Drog.*, n. 116), l'autre la
Térébenthine de Chio (*Drog.*, n. 120).

Le *Corynocarpus lœvigatus* (n. 1472), de la Nouvelle-Zélande,
à ovaire uniloculaire, à ovule solitaire, descendant, relie les
Anacardiées à la série suivante.

Mappiées.

Le *Villaresia lucida* (n. 1473) est un des rares représentants
cultivés de ce groupe; c'est un arbuste américain.

5.

SAPINDACÉES

Staphyléées.

Les *Staphylea*, à fleurs régulières, à fruit vésiculeux (*Nez coupé*), comme le *S. pinnata* (n. 134) et le *S. trifoliata* (n. 137), sont ligneux et rustiques et ont des graines oléagineuses.

Sapindées.

Le *Sapindus Saponaria* (n. 728) tire son nom de ses fruits mucilagineux. L'*Euphoria Longana* (n. 727) et le *Nephelium Litchi* (n. 726) ont des arilles comestibles, acidules. Ce sont des arbres asiatiques.

Le *Xanthoceras sorbifolia* (n. 709), espèce chinoise, est ornemental et a des fleurs régulières, dimorphes.

Pancoviées.

Fleurs irrégulières. Le *Diploglottis Cunninghamii* (n. 725), arbre australien, a des arilles acides. Le *Cardiospermum Halicacabum* (n. 719), herbe grimpante des tropiques, a des fruits vésiculeux (*Pois de cœur*). Le *Kœlreuteria paniculata* (n. 720), arbre chinois, rustique, à fleurs jaunes, a aussi des capsules membraneuses. Ses graines sont dépourvues d'arille.

Æsculées ou **Hippocastanées.**

Les *Æsculus* sont des arbres à feuilles digitées. L'*Æ. Hippocastanum* (n. 721), ou *Marronnier d'Inde*, a une écorce astringente, de gros embryons féculents et oléagineux. Il est d'origine orientale. Les *Æ. californicus* (n. 576) et *macrostachyus* (n. 717), également rustiques, ornementaux, sont américains.

Mélianthées.

Le *Melianthus major* (n. 718), du Cap, tire son nom du miel comestible que sécrètent en abondance ses nectaires floraux.

Acérées.

Les Érables (*Acer*) ont les fleurs polygames, les feuilles opposées. Ex. : les A. *campestre* (n. 716), indigène, *eriocarpum* (n. 714) et *Negundo* (n. 716). L'*A. saccharinum* (n. 1322), de l'Amérique du Nord, y est exploité comme plante à sucre.

MALPIGHIACÉES

Représentées par le *Malpighia punicifolia* (n. 708) et le *Galphimia glauca*, arbustes américains.

MÉLIACÉES

Plantes de serres. Le *Melia Azedarach* (n. 753) supporte seul la pleine terre. Sa racine est évacuante, anthelminthique, narcotique. Le *Cipadessa malleoides* (n. 1471) est indien.

CÉLASTRACÉES

Étamines alternipétales ; ovules descendants ou ascendants. — Le *Celastrus scandens* (n. 861) et le *C. paniculata* (n. 1875), espèce indienne, sont rustiques et sarmenteux. Le *Catha edulis* (n. 1276) est en Abyssinie un médicament d'épargne.

Evonymées.

Les Fusains (*Evonymus*) ont les feuilles caduques, comme l'*E. europæus* (n. 475), ou *Bonnet de prêtre*, réputé insecticide, antipsorique, et l'*E. latifolia* (n. 1275); ou persistantes, comme l'*E. japonica* (n. 474), arbuste, qui ressemble aux Buis.

Buxées.

Relient les *Evonymus* aux Euphorbiacées et aux Ampélidées. Fleurs unisexuées; ovules descendants, à raphé dorsal. Les Buis (*Buxus*) ont les feuilles opposées et persistantes, comme les *B. sempervirens* (n. 120) et *balearica* (n. 119), ou *Buis de Mahon;* elles sont alternes dans le *Sarcococca prunifolia* (n. 150), plante asiatique, et dans les *Pachysandra procumbens* (n. 149), herbe vivace, américaine, et *terminalis* (n. 983), du Japon.

RHAMNACÉES

Étamines oppositipétales; ovules ascendants. Relient les Célastracées aux Vignes. Les Nerpruns (*Rhamnus*) ont le fruit drupacé, souvent purgatif, comme le *R. catharticus* (n. 121)(*Drog.*, n. 123). Le *R. Alaternus* (n. 122), à feuilles persistantes, a des semences tinctoriales. De même le *R. oleifolius* (n. 477). Le *R. infectorius* (n. 124) donne la *Graine d'Avignon*. Le *R. Frangula* (n. 123) est la *Bourgene;* son écorce âcre est antipsorique.

L'*Hovenia dulcis* (n. 1274) a, dans l'extrême Orient, des pédicelles qui deviennent charnus, sucrés et comestibles.

Les *Ceanothus americanus* (n. 988) et *azureus* (n. 1819) sont américains.

Les Jujubiers (*Zizyphus*) ont un fruit drupacé, comestible. Le *Z. Jujuba* (n. 1824) n'est pas employé chez nous comme médiment. Les *Jujubes* médicinaux sont les fruits béchiques, drupacés (*Drog.*, n. 124), du *Z. vulgaris* (n. 890). Le *Paliurus aus tralis* (n. 125), arbuste épineux du Midi, analogue aux Jujubiers, a pour fruits des samares orbiculaires.

Les *Colletia spinosa* (n. 1355) et *cruciata* (n. 1356), arbustes du Chili, à rameaux triangulaires, aplatis latéralement, ont un calice gamosépale et pétaloïde, avec ou sans pétales.

THYMÉLÆACÉES

Plantes à fleurs apétales, à calice coloré ou vert, à gynécée unicarpellé, uniovulé et libre. Relient les Célastracées aux Protéacées et aux Lauracées.

Les *Daphne* sont tous irritants, rubéfiants ou vésicants, principalement le *D. Mezereum* (n. 21), ou *Bois-gentil* et *D. Laureola* (n. 944), espèces de nos bois. Le *D. Gnidium* (n. 946), ou *Garou, Sain-bois*, espèce du Midi, est plus actif encore comme épispastique (*Drog.*, n. 125). Les *D. pontica* (n. 948) et *Cneorum* (n. 645) sont moins employés. Le *D. chrysantha* (n. 947), type d'une section *Edgeworthia*, a une écorce employée au Japon pour la fabrication d'un papier. Le *Dirca palustris* (n. 1287), de l'Amérique du Nord, a des feuilles caduques et un périanthe un peu irrégulier. Le type complet de cette famille est représenté par les *Aquilariées* qui n'existent pas ordinairement vivantes chez nous et ont l'ovaire biloculaire, dicarpellé.

ULMACÉES

Ulmées.

Le Ormes (*Ulmus*) ont des feuilles distiques, insymétriques, des fleurs unisexuées, une samare pour fruit. L'*U. campestris* (n. 1495) et diverses de ses variétés ont une écorce astringente, tonique, jadis souvent prescrite contre les dartres, les fièvres. L'*U. fulva* (n. 1494), de l'Amérique du Nord, a une écorce mucilagineuse, émolliente, comestible même.

Le *Celtis australis* (n. 1512), ou *Micocoulier de Provence*, a des fruits lisses, des graines oléagineuses.

Morées.

Les Mûriers (*Morus*) ont un fruit composé, formé de drupes induviées du calice devenu charnu. Le *M. alba* (n. 1506) est surtout employé à l'alimentation du *Sericaria Mori*. Le *M. nigra* (n. 1507) a un fruit légèrement astringent. Le *Broussonetia papyrifera* (n. 1508), ou *Mûrier à papier*, a des fleurs dioïques, des feuilles hétéromorphes; c'est surtout son écorce qui sert, en Chine et au Japon, à la fabrication du papier.

Le *Dorstenia Contrayerva* (n. 1517), herbe américaine, à fleurs monoïques, disposées en inflorescence mixte tabuliforme, passe pour un remède de la morsure des serpents venimeux.

Les Figuiers (*Ficus*) ont leur inflorescence mixte tapissant la concavité d'un réceptacle piriforme ou subsphérique. Le *F. Carica* (n. 1505) donne les figues, employées comme pectorales. Le *F. religiosa* (n. 1504), de l'Inde, est le *Figuier des pagodes*. Il porte de la *Laque* ou *Gomme-laque* (*Drog.*, n. 126, 127). Le *F. elastica* (n. 1503), autre espèce indienne, ne donne qu'en petite quantité un caoutchouc de qualité inférieure. — Cette série relie les Urticacées aux Ulmacées.

Cannabinées.

Petit groupe comprenant les Chanvres (*Cannabis*) et les Houblons (*Humulus*). Le *Cannabis sativa* (n. 1510) est cultivé pour son liber textile et pour l'huile de ses graines. Le *Haschisch* (*Drog.*, n. 130) est fabriqué avec sa variété *indica*.

L'*Humulus Lupulus* (n. 1511) doit ses propriétés et son odeur au *Lupulin*, glandes jaunes qui recouvrent les bractées de l'inflorescence femelle ou cône (*Drog.*, n. 129).

CASTANÉACÉES

Bétulées.

Le *Betula alba* (n. 448) a une sève prescrite contre les affections goutteuses, rhumatismales ; elle donne du sucre. L'*Alnus glutinosa* (n. 449) a une écorce assez fortement astringente. L'*A. cordifolia* (n. 450) a les mêmes propriétés.

Corylées.

Le *Corylus Avellana* (n. 446) a pour fruit les *noisettes*, à embryon riche en huile. De même le *C. Colurna* (n. 1246), ou *Noisetier de Constantinople.* Le *Carpinus Betulus* (n. 447) est notre Charme commun, qui passe pour astringent.

Quercinées.

Beaucoup de Chènes (*Quercus*) sont utiles : le *Q. Robur* (n. 444), ou *Rouvre*, dont l'écorce (*Drog.*, n. 132) sert à l'extraction du tanin et dont on emploie aussi les fruits ou glands (*Drog.*, n. 131) ; le *Q. coccifera* (n. 1248), qui nourrit le Kermès animal ; le *Q. Ilex* (n. 1249), ou *Yeuse ;* le *Q. Suber* (n. 1247), ou *Chêne-liège ;* le *Q. tinctoria* (n. 1250), de l'Amérique du Nord.

Le *Castanea vulgaris* (n. 440) donne les marrons et châtaignes. On mange aussi en Amérique les embryons féculents du *C. pumila* (n. 441) ou *Chincapin.*

Le *Fagus sylvatica* (n. 1251) est notre Hètre commun, ou *Fayard*, dont le fruit, la *faîne*, donne une huile douce. Il y en a une variété à feuillage rougeâtre.

Myricées.

Le *Myrica Gale* (n. 442) est une espèce indigène de nos

marais, à feuillage astringent, odorant. Aux États-Unis, le fruit de *M. cerifera* (n. 443) produit une sorte de cire végétale.

MYRTACÉES

Le *Myrtus communis* (n. 568) appartient aux Myrtacées à fruit charnu. Il est aromatique, stimulant. Les *Pimenta* sont très odorants, entre autres le *P. acris* (n. 168), l'une des plantes à *Toute-épice* des Antilles (*Drog.*, n. 137). Les Goyaviers (*Psidium*) ont des fruits comestibles et des feuilles astringentes, entre autres le *P. pomiferum* (n. 1427).

Les *Melaleuca* sont des Myrtacées à fruit sec. C'est une des formes du *M. Leucadendron* (n. 1817) qui donne l'*Huile de Cajeput*. Le *Metrosideros tomentosa* (n. 1377), de la Nouvelle-Zélande, a aussi un fruit sec. Les *Eucalyptus* ont des fleurs dont l'ovaire infère est coiffé comme d'un couvercle représentant le périanthe et se soulevant lors de l'anthèse. L'*E. Globulus* (n. 885), ou *Gommier bleu de Tasmanie* (*Drog.*, n. 136), est la plus célèbre des espèces médicinales du genre, riche en essence, guérissant les fièvres d'accès, les plaies, les flux, les affections pulmonaires et laryngiennes chroniques, assainissant les localités marécageuses. Comme médicament topique, on lui a parfois préféré l'*E. amygdalina* (n. 1818), autre espèce australienne.

Le *Punica Granatum* (n. 169), type de la série anormale des *Punicées* ou *Granatées*, est le Grenadier commun, d'origine incertaine, orientale peut-être, dont l'écorce de la racine (*Drog.*, n. 138) est active contre les Cestoïdes, etc., et contient de la *Pelletiérine*, et dont le fruit coriace, astringent (*Malicorium*), renferme des graines à tégument extérieur pulpeux, acidulé. Les boutons ou *Balaustes* sont également astringents.

HYPÉRICACÉES

Représentent le type des Myrtacées avec ovaire supère et les styles libres. Les Millepertuis (*Hypericum*) sont également odorants, à feuilles souvent ponctuées. Entre autres espèces, sont ici cultivés les *H. calycinum* (n. 917), *patulum* (n. 1281), *Kalmianum* (n. 1016), *Uralum* (n. 1892), et les espèces indigènes : *H. Androsœmum* (n. 918), ou *Toute-saine*, *hyrcinum* (n. 919), *humifusum* (n. 1018), *pulchrum* (n. 1020), *quadrangulum* (n. 1017), *hirsutum* (n. 1019). L'*H. perforatum* (n. 916), l'espèce la plus commune de nos bois, est encore usité. Ses sommités fleuries (*Drog.*, n. 139) font partie de la thériaque, du baume du commandeur, de l'huile d'*Hypericum*, etc.

LYTHRARIACÉES

Lythrées.
Représentées par le *Lythrum Salicaria* (n. 886), herbe indigène des lieux humides, à fleurs régulières, hexamères, qui est le *Lysimachia purpurea* des pharmacopées, réputé astringent, vulnéraire, et par les *Cuphea lanceolata* (n. 1359) et *pubiflora* (n. 1360, plantes américaines, à fleur irrégulière, éperonnée.

Ammaniées.
L'*Ammania Portula* (n. 882), petite plante indigène des localités humides, représente la section *Peplis* du genre. On l'emploie comme potagère en Grèce.

ONAGRARIACÉES

Famille à fleurs pourvues d'un ovaire infère, reliant les Myrtacées et les Lythrariacées aux Rhamnacées.

Œnothérées.

L'*Œnothera biennis* (n. 888), ou *Onagre, Pas d'âne*, est une espèce américaine introduite chez nous et naturalisée dans nos campagnes ; on la mange sous le nom de *Jambon des jardiniers*. L'*Œ. macrocarpa* (n. 887), du même pays, est cultivé dans les jardins seulement.

Le *Ludwigia grandiflora* (n. 992), de la section *Jussiœa*, plante aquatique, se distingue des Œnothères par l'absence de tube réceptaculaire au-dessus de l'ovaire infère. Le *Zauschneria californica* (n. 1421) est ornemental. L'*Epilobium spicatum* (n. 884), ou *Laurier de Saint-Antoine* et l'*E. hirsutum* (n. 885), herbe de nos localités aquatiques, ont des graines garnies d'une aigrette qui fournit une sorte d'ouate.

Les *Fuchsia*, arbustes américains, à fruit charnu, sont légèrement astringents, comme les *F. coccinea* (n. 1424), *arborescens* (n. 1425), *fulgens* (n. 1423), *corymbiflora* (n. 1422), *magellanica* (n. 1426), tous ornementaux.

Gaurées.

Représentées par le *Gaura Lindheimeri* (n. 1364), plante américaine ornementale.

Circées.

Le *Circœa lutetiania* (n. 889), ou *Herbe aux sorcières*, mucilagineux, résolutif, a été recommandé contre les hémorrhoïdes ; il est commun dans nos bois ombragés.

Trapées.

La *Trapa natans* (n. 193), la *Mâcre* ou *Châtaigne d'eau*, à fruits piquants, à graines comestibles, a des feuilles polymorphes et des fleurs 4-mères, à ovaire 2-loculaire.

Hippuridées.

Représentées par l'*Hippuris vulgaris* (n. 192), vivace, aquatique, à feuilles verticillées, à fleur monandre et uniovulée.

CORNACÉES

Rattachent les Ombellifères aux Onagrariacées d'une part, et de l'autre, aux Rubiacées parmi les Gamopétales.

Cornées.

Les Cornouillers (*Cornus*) ont les fleurs 4-mères et un fruit drupacé, comme les *C. sanguinea* (n. 986) et *Mas* (n. 985), espèces indigènes, astringentes. Les *C. Thelicani* (n. 987) et *paniculata* (n. 1672) sont exotiques. Le *C. alternifolia* (n. 984) fait exception dans le genre par ses feuilles non opposées. Le *C. florida* (n. 1856), de l'Amérique du Nord, à inflorescence entourée de grandes bractées pétaloïdes, a une écorce tonique et fébrifuge, estimée dans le pays à l'égal du quinquina. L'*Helwingia rusciflora* (n. 220), qui doit prendre le nom d'*H. japonica* (c'était l'*Osyris japonica* de Thunberg), a l'inflorescence soulevée sur la ligne médiane de la feuille ; ses fleurs sont dioïques et l'on cultive seulement chez nous l'individu mâle.

Les *Aucuba*, comme l'*A. japonica* (n. 913), arbuste dioïque, n'ont à l'ovaire qu'une loge uniovulée, à ovule descendant.

Garryées.

Un seul genre, *Garrya*, à fleurs unisexuées, avec un périanthe

simple ou nul; placentas pariétaux; inflorescences en châtons.
Ex. : *G. elliptica* (n. 219), individu mâle (seul vivant dans nos
jardins), et *Fadyenii* (n. 1606), arbustes californiens.

OMBELLIFÈRES

Daucées.

Les *Daucus Carota* (n. 315) et *'gummifer* (n. 488) ont été
employés comme médicaments et sont aujourd'hui généralement
délaissés comme tels.

Le *Cuminum Cyminum* (n. 798) est un condiment, un carminatif; on le dit propre à résoudre les engorgements glanduleux.
C'est une herbe d'origine orientale, connue seulement à l'état de
culture. Ses fruits servent à aromatiser des liqueurs.

Les *Thapsia* sont d'une grande àcreté. Le *T. garganica* (n. 325)
est irritant, drastique, emménagogue, rubéfiant, vésicant (*Drog.*,
n. 159). Le *T. villosa* (n. 326) est employé comme drastique. Le
Laserpitium gallicum (n. 781) est tonique et diurétique.

Peucédanées.

Les *Peucedanum* comprennent les *Ferula, Dorema, Pastinaca* et *Anethum*. Le *P. officinale* (n. 95) est diurétique, expecto-
rant, apéritif. Le *P. parisiense* (n. 782) est stimulant et tonique.
Dans la section *Ferula*, le *P. Asa-fœtida* (n. 1793), qu'on suppose
identique au *Scorodosma fœtidum*, fournirait une portion de
l'*Asa-fœtida* de Perse (*Drog.*, n. 153), dont la plus grande
partie semble provenir du *P. alliaceum* (n. 1792), commun dans
ce pays. Le *P. Narthex* (n. 780) donne un *Asa-fœtida* indien.
Le *P. Ammoniacum* (n. 1791), la plante à la *Gomme-ammoniaque*
(*Drog.*, n. 154), est le type de la section *Dorema*, à ombelles disposées en grappes. Le *P. Ferula* qui est le *Ferula communis*
(n. 339) de Linné et le *P. tingitanum* (n. 340), qui est son *Ferula*

tingitana, sont âcres, dangereux. L'*Imperatoria Ostruthium* (n. 910), qui doit prendre le nom de *Peucedanum Ostruthium*, sert à déterger les ulcères et s'emploie en vétérinaire. L'*Anethum graveolens* (n. 786) doit être nommé *Peucedanum graveolens;* ses fruits (*Drog.*, n. 156) sont digestifs et carminatifs, très odorants et servent à masquer le goût de certains médicaments. Le *Pastinaca sativa* (n. 338), notre *Panais* potager, appartient aussi au genre *Peucedanum* comme section.

Les Berces (*Heracleum*) ont été employé.s au traitement des dermatoses. Leur tige renferme souvent une matière sucrée et qu'on peut faire fermenter; ex. : l'*H. Sphondylium* (n. 1768), herbe vivace commune de nos bois et prés humides, et les *H. pubescens* (n. 785), *persicum* (n. 328), *verrucosum* (n. 784), grandes espèces exotiques, très ornementales.

Au genre *Malabaila* se rattache comme section l'*Opopanax Chironium* (n. 341), source plus que douteuse de la gomme résine dite *Opopanax* (*Drog.*, n. 155), et qui ne produit rien de semblable dans notre pays.

Le genre *Angelica* comprend trois plantes médicinales qui en représentent chacune une section : l'*Angelica sylvestris* (n. 317), herbe odorante de nos marais et bois humides ; l'*Archangelica officinalis* (n. 316), qui est l'*Angelica archangelica* L. ou *Angélique de Bohême*, aromatique, à racine digestive et tonique (*Drog.*, n. 152); le *Levisticum officinale* (n. 318), la *Livêche* ou *Ache de montagne* (*Drog.*, n. 144), qui doit se nommer *Angelica Levisticum* et se substitue à l'Ache.

Le *Meum trilobum* (n. 1886) représente dans le genre la section *Siler*. Le *M. athamanthicum* (n. 321), espèce vivace des pâturages des montagnes d'Europe, est le *Fenouil des Alpes*, à fruits carminatifs, diurétiques, fébrifuges.

Les *OEnanthe* comprennent le *Phellandrium aquaticum* (n. 797), qui doit se nommer *OE. Phellandrium* et qui est une de nos *Ciguës d'eau*, dont les fruits (*Drog.*, n. 150), vénéneux à haute dose, se prescrivent aux phthisiques. L'*OE. crocata*

(n. 796), autre espèce aquatique, est un poison des plus violents. Le *Crithmum maritimum* (n. 331) est un des *Perce-pierres* les plus usités de nos côtes.

L'*Æthusa Cynapium* (n. 9), la *Petite-Ciguë* ou *Faux-Persil*, est une des plus vénéneuses de nos Ombellifères. Sa tige est verte ou lavée de pourpre vineux, ou encore chargée de petites stries longitudinales de même couleur. Son odeur fétide est caractéristique et suffit à la distinguer du persil, du cerfeuil, etc.

Les Fenouils (*Fœniculum*), plantes très aromatiques, dont les fruits (*Drog.*, n. 148) font partie de plusieurs remèdes (*Electuaire catholicon, E. lénitif, Thériaque*), et dont la racine est une des 5 *racines apéritives*, sont tous des formes ou variétés du *F. capillaceum*, soit le *F. vulgare* (n. 329), soit le *F. dulce* (n. 330) qui se mange dans le midi de l'Europe.

Les *Seseli glaucum* (n. 322), *montanum* (n. 1863) et *gummiferum* (n. 323) sont inusités. L'*Athamantha cretensis* (n. 320) et l'*A. sicula* (n. 1713) ont des fruits stimulants, diurétiques et diaphorétiques, jadis fort employés en médecine.

Carées.

Les *Carum* comprennent les *Pimpinella, Petroselinum, Bunium, Tragoselinum, Ægopodium*. Le *C. Carvi* (n. 171) est cultivé pour ses fruits aromatiques, carminatifs (*Drog.*, n. 146), qui servent à parfumer des aliments, des boissons et des infusions digestives. Le *C. Bulbocastanum* (n. 793), ou *Terre-noix*, a des renflements souterrains alimentaires. L'*Ægopodium Podagraria* (n. 908), qui représente une section du genre *Carum*, ne mérite peut-être pas son ancien renom de remède des affections goutteuses. Le *Petroselinum sativum* (n. 909), le Persil commun, appartient à une autre section du même genre. Il fournit une des 5 *racines apéritives* (*Drog.*, n. 145); ses feuilles servent de condiment; ses fruits sont employés comme aromatiques (*Drog.*, n. 145). Les *Pimpinella* représentent également une section du genre *Carum*, comme le *P. magna* (n. 778), espèce indigène, et le *P. Anisum* (n. 779), l'*Anis vert* de nos cultures, qui se cultive pour son fruit (*Drog.*, n. 147), l'une des 5 *semences chaudes majeures* des anciens. Il est substitué souvent, mais à tort, à l'*Anis étoilé* dont il a le parfum, mais avec un mélange d'âcreté qui peut le rendre nuisible. Le *C. Sisarum* (n. 1849), jadis type du genre *Sium*, était recherché comme tonique et sert encore à préparer des liqueurs stomachiques.

Le *Sison Amomum* (n. 1850), herbe européenne, produisait une des 4 *semences chaudes mineures ;* il est aujourd'hui peu usité.

Le *Cicuta virosa* (n. 1432), espèce de nos marais, est la seule véritable *Ciguë* de notre pays, vénéneuse comme toutes les plantes auxquelles on a attribué ce nom et contenant un suc jaunâtre d'une extrême âcreté.

L'*Apium graveolens* (n. 795) donne la véritable *racine* d'*Ache*, quoiqu'on emploie plus souvent sous ce nom celle de l'*Ache de montagne* (*Drog.*, n. 144). Le *Céleri* passe pour être une forme cultivée de cette plante. Les *Helosciadium inundatum* (n. 1433) et *nodiflorum* appartiennent à une section du genre *Apium.*

L'*Heteromorpha arborescens* (n. 1604) est une Ombellifère africaine, exceptionnelle par ses tiges ligneuses et ses feuilles 1-3-lobées ou 1-3-foliolées. Les *Bupleurum* peuvent aussi être ligneux ; tel le *B. fruticosum* (n. 337). Le *B. falcatum* (n. 338) est une herbe indigène, astringente et fébrifuge.

Les Coriandres ont été rangées parmi les *Cœlospermées*, à cause de la configuration de leurs semences. Le *Coriandrum sativum* (n. 324), *Mari de la punaise*, a une odeur désagréable et sert cependant de condiment ; on le dit carminatif et stimulant (*Drog.*, n. 157). Le *Physospermum aquilegifolium* (n. 1885), type voisin, vivace, est une de nos espèces alpines.

Le *Smyrnium Olusatrum* (n. 319), ou *Maceron*, est une herbe potagère, émolliente et antiscorbutique.

Le *Conium maculatum* (n. 8) est la *Grande-Ciguë*, très vénéneuse, à tige tachetée de pourpre vineux, employée comme médicament externe contre les tumeurs (*Drog.*, n. 143).

Les *Chœrophyllum* ont un fruit allongé et rostré. Le *C. bulbosum* (n. 791), ou *Cerfeuil tubéreux*, se cultive comme légume aromatique. L'*Anthriscus sylvestris* (n . 790), l'un des *Cerfeuils sauvages* de nos bois, appartient à une section du genre *Chœrophyllum*. Le *Scandix Cerefolium* (n. 789), le *Cerfeuil* de nos potagers, condiment odoran t, sert à aromatiser le bouillon aux herbes. Le *Myrrhis odorata* (n. 787), herbe à floraison précoce, est le *Cerfeuil musqué* de nos jardins.

Hydrocotylées.

L'espèce vulgaire de nos marais, l'*Hydrocotyle vulgaris* (n. 151), ou *Cotyliole*, a passé pour vulnéraire et résolutive. L'*H. asiatica* (n. 1851) est actuellement un remède fort vanté des dermatoses chroniques. L'*H. bonariensis* (n. 775) sert aux mêmes usages dans l'Amérique du Sud.

Le *Trachymene cærulea* (n. 776), espèce australienne, annuelle, ornementale, est remarquable par ses ombelles simples à réceptacle légèrement concave et ses corolles bleues.

Le *Bowlesia tenera* (n. 777) est une petite herbe américaine à fleurs polygames, cultivée dans nos jardins.

Les Panicauts (*Eryngium*) ont souvent des feuilles raides et piquantes. L'*E. campestre* (n. 332), ou *Chardon-roulant*, et l'*E. maritimum* (n. 1789) passent pour tarir la sécrétion lactée. L'*E. alpinum* (n. 800) est dit sudorifique, comme l'*E. amethystinum* (n. 1790). L'*E. eburneum* (n. 1715) représente une section américaine dont les feuilles rappellent celles de certaines Monocotylédones, comme les Broméliacées.

Les *Astrantia* ont des fleurs polygames, à fausses ombelles de fleurs polygames, avec un involucre coloré ; on les dit doués des mêmes propriétés que l'Hellébore noir ; tels l'*A. major* (n. 334) et l'*A. minor* (n. 783), herbes de nos montagnes.

Le *Sanicula europœa* (n. 383), la *Sanicle* de nos bois, était jadis une panacée et ne s'emploie guère aujourd'hui.

Le *Lagoecia cuminoides* (n. 1714), herbe annuelle, aromatique, a l'ovaire et le fruit réduits à un carpelle fertile.

Araliées.

Ombellifères en général ligneuses, à fruit d'ordinaire charnu ; étaient jadis toutes des *Aralia*, comme l'*A. racemosa* (n. 924), qui sert, dans l'Amérique du Nord, aux mêmes usages que les Salsepareilles, l'*A. spinosa* (n. 923), l'*A. mandshurica* (n. 922), les *A. aculeata* (n. 1603), *pentaphylla* (n. 1594). L'*A. japonica* (n. 920) est ornemental. L'*A. papyrifera* (n. 921) sert en Chine à faire une sorte de papier. L'*Heptapleurum terebinthaceum* (n. 1595) appartient au genre *Schefflera*. Le *Plerandra pulchella* (n. 808) représente un type à androcée pleiostémoné. L'*Hedera Helix* (n. 126), le *Lierre*, ne s'emploie plus guère en médecine, sinon pour le pansement des exutoires. Sa résine, tonique, astringente, est généralement abandonnée.

RUBIACÉES

Rubiées.

Plantes herbacées, dites *stellatæ*, à feuilles disposées en faux verticilles. Le *Rubia tinctorum* (n. 498), ou *Garance des teinturiers* (*Drog.*, n. 163), d'origine orientale (?) et le *R. peregrina* (n. 1552), espèce indigène, ont les fruits charnus. Les *Galium* représentent pour nous une section du genre *Rubia*, à fruits moins charnus ou secs, à fleurs plus souvent 4-mères ; tels les *G. Cruciata* (n. 1324), *boreale* (n. 1325), *rubioides* (n. 1326), *verum* (n. 1327), *Mollugo* (n. 1329), *Aparine* (n. 1695), jadis employés en médecine.

Les *Asperula* ne diffèrent des *Galium* que par la forme de la corolle. L'*A. cynanchica* (n. 223) est l'*Herbe à l'esquinancie*. L'*A. odorata* (n. 224), le *Petit-Muguet des bois*, devient odorant par la dessiccation et sert à aromatiser des boissons alcooliques.

L'*A. tinctoria* (n. 225), espèce indigène, a des fleurs 3-mères. L'*A. taurina* (n. 1279) a des fleurs d'un blanc rosé, et l'*A. arvensis* (n. 1280), des fleurs bleues. Le *Sherardia arvensis* (n. 1165), petite herbe à 6 folioles infraflorales, simulant des sépales, appartient à une section du genre *Asperula*.

Spermacocées.

Le *Spermacoce tenuior* (n. 1680) n'est pas médicinal. Le *Richardsonia scabra* (n. 1679), qui doit prendre le nom de *Richardia scabra*, herbe de l'Amérique du Sud, donne un *Ipécacuanha ondulé* (*Drog.*, n. 164), l'*I. amylacé* ou *blanc* de Mérat.

Anthospermées.

Le *Phyllis Nobla* (n. 226), des Canaries et de Madère, n'est pas employé en médecine. Le *Serissa fœtida* (n. 556), de la Chine, a une racine amère et des feuilles anthelminthiques. Le *Leptodermis lanceolata* (n. 1345), de l'Inde, est un *Hamiltonia*, à fleurs superposées sur deux rangs dans chaque inflorescence. Le *Pœderia fœtida* (n. 395), peut-être la plus infecte des plantes connues, est de l'Asie tropicale ; dans ce pays sa décoction est administrée contre les fièvres, les contusions, les rétentions d'urine, et comme antispasmodique.

Cofféées.

Type de la série, le *Coffea arabica* (n. 1694), à corolle tordue, à loges uniovulées, à ovules ascendants (*Drog.*, n. 168).

Uragogées.

Les *Uragoga*, comprenant les *Psychotria* et *Cephœlis* des auteurs, ont la corolle valvaire et les ovules solitaires, ascendants. L'*U. Ipecacuanha* (n. 6), le *Cephœlis Ipecacuanha* des auteurs, très humble arbuste du Brésil, donne l'Ipecacuanha annelé mineur de ce pays (*Drog.*, n. 165).

Le *Psychotria undulata* (n. 1353), qui doit s'appeler *Ura-*

goga undata, produit, croit-on, un des Ipecacuanhas ondulés de la Colombie.

Chiococcées.

Ovule solitaire, descendant; corolle valvaire, tordue ou imbriquée. Le *Chiococca racemosa* (n. 1600) donne une des racines de *Caïnça* (*Drog.*, n. 167) de l'Amérique centrale.

Génipées.

Le *Burchellia capensis* (n. 1598), ornemental, a un bois utile.

Oldenlandiées.

Le *Bouvardia Jacquini* (n. 1692) est américain, ornemental, de même que le *Virecta carnea* (n. 1623), espèce africaine.

Portlandiées.

Représentées par deux *Rondeletia* américains, le *R. odorata* (n. 1319) et le *R. anomala* (n. 1324), plantes ornementales.

Cinchonées.

Les trois principales espèces de *Cinchona* : le *C. officinalis* (n. 5), qui donne l'*Écorce de Loxa* (*Drog.*, n. 173); le *C. succirubra* (n. 500), source du meilleur quinquina rouge connu (*Drog.*, n. 171), le *Cascarilla colorada de Huaranda;* le *C. Calisaya* (n. 499), espèce bolivienne, qui produit le meilleur des quinquinas jaunes (*Drog.*, n. 170).

Le *Cephalanthus occidentalis* (n. 227), *Bois-bouton* de l'Amérique du Nord, rustique chez nous, appartient aux genres dont l'inflorescence, simulant un capitule globuleux, est formée de glomérules très contractés. Il tire son nom vulgaire de son emploi contre les affections cutanées.

Diervillées.

Feuilles sans stipules. Fruit capsulaire ou coriace. Le *D.*

lutea (n. 375), dont le nom doit être *D. acadiensis*, espèce de l'Amérique du Nord, est astringent et, dit-on, antisyphilitique. Le *D. rosea* (n. 374), de la section *Weigelia*, est asiatique, ornemental.

Lonicérées.

Le *Leycesteria formosa* (n. 376), de l'Inde, a des fruits charnus, comme les *Symphoricarpos racemosa* (n. 1693) et *vulgaris* (n. 1697), de l'Amérique du Nord. Les Chèvrefeuilles (*Lonicera*) sont nombreux : *L. Caprifolium* (n. 379) et *Periclymenum* (n. 1407); *L. tatarica* (n. 1751), *chinensis* (n. 1614), *pyrenaica* n. 1754), *caucasica* (n. 1753), *cœrulea* (n. 1750), *brachypoda* (n. 1264), *etrusca* (n. 1265), *alpigena* (n. 1752), *Xylosteum* (n. 1408); les *L. fragrans* (n. 503) et *Standishii* (n. 1409), à fleurs vernales très odorantes.

Le *Linnæa borealis* (n. 1852), très humble plante du Nord, non utile, est le type du genre. L'*Abelia rupestris* (n. 377), à fleurs odorantes, appartient à une autre section du même genre.

Sambucées.

Feurs régulières, à ovaire 1-5-loculaire. Ovules solitaires, descendants. Le *Sambucus nigra* (n. 369), ou *Sureau noir*, est émollent; on emploie surtout ses fleurs (*Drog.*, n. 162). Les *S. racemosa* (n. 370), *pubescens* (n. 1683), *canadensis* (n. 1684) ont les mêmes propriétés. Le *S. Ebulus* (n. 568) est l'*Yèble*. Leur écorce est évacuante.

Le genre Viorne est représenté par les *Viburnum Tinus* (n. 372), ou *Laurier-Thym*; *Opulus* (n. 376), type sauvage de la *Boule-de-neige*: *Lantana* (n. 373), ou *Coudre-Mancienne*; *macrocephalum* (n. 1029), du Japon; *capense* (n. 1801) et *cotinifolium* (n. 1023), la plupart astringents, assez souvent tinctoriaux.

VALÉRIANACÉES

Le *Patrinia intermedia* (n. 1486), herbe asiatique, rarement cultivée, est un des types les plus complets de la famille, à fleurs irrégulières, 4-andres.

Le *Valeriana officinalis* (n. 1090) est le type des plantes antispasmodiques ; c'est un herbe vivace indigène dont on emploie la portion souterraine (*Drog.*, n. 227). Ses tiges fleuries servent aussi à l'extraction de l'acide valérianique. Le *V. diœca* (n. 1094), petite espèce de nos marais, à fleurs unisexuées, sert aux mêmes usages. Le *V. Phu* (n. 1092), la *Grande Valériane*, et le *V. montana* (n. 1093), peu usités, ont cependant les mêmes propriétés.

Le *Valerianella olitoria* (n. 1086), la *Mâche*, est surtout une herbe potagère.

Le *Fedia Cornucopiœ* (n. 1087), à fleurs 2-andres, n'est pas employé en médecine.

Les *Centranthus ruber* (n. 1088), ou *Valériane rouge*, et *macrosiphon* (n. 1089) ont les fleurs 1-andres.

DIPSACACÉES

Les Cardères (*Dipsacus*) ont des fleurs irrégulières, ordinairement 4-andres, en capitules ; ex. les *D. fullonum* (n. 1552), ou *Chardon à foulon ; sylvestris* (n. 1153), ou *Bain d'oiseau ; azureus* (n. 1726), *laciniatus* (n. 1724), et le *D. pilosus* (n. 1725), espèce indigène de la section *Galedragon*. Tous étaient usités comme diurétiques et sudorifiques.

Les Scabieuses (*Scabiosa*) sont souvent âcres et vénéneuses, comme le *S. succisa* (n. 508), herbe vivace de nos bois, employée aussi comme fébrifuge. Le *S. arvensis* (n. 1149), de la section *Knautia*, servait contre la gale et les affections pulmonaires, de même que le *S. Columbaria* (n. 1810). Les *Cephalaria procera* (n. 1150) et *tartarica* (n. 1151), grandes espèces vivaces à fleurs jaunes, rentrent dans une section du genre *Scabiosa*. Le *S. palæstina* appartient à celle des *Pterocephalus*. Le *S. atropurpurea* (n. 507), ou *Fleur de veuve*, est annuel et ornemental.

Le *Morina longifolia* (n. 850), plante asiatique, à feuilles épineuses, analogues à celles des Chardons, ornementale, n'a pas les fleurs en capitules, mais bien en épis de glomérules.

COMPOSÉES

Carduées.

Les Chardons (*Carduus*) forment un seul et même genre avec les *Silybum, Cynara, Onopordon, Cirsium*. Presque tous sont toniques, astringents, fébrifuges, peu usités : *C. crispus* (n. 822), de la section *Eucarduus;* les autres, inscrits sous leur nom de section : *Silybum Marianum* (n. 813), ou *Chardon-Marie; Cirsium oleraceum* (n. 823), plante des marais; *Onopordon Acanthium* (n. 509), ou *Chardon aux ânes; Cynara Scolymus* (n. 12), l'*Artichaut*, à réceptacle alimentaire, et *C. Carduncellus* (n. 13), ou *Cardon*, herbe potagère.

L'*Arctium Lappa* (n. 812), ou *Grande-Bardane*, s'emploie surtout au traitement des dermatoses (*Drog.*, n. 242). Le *Xeranthemum annuum* (n. 1382), sorte d'*Immortelle*, est ornemental.

Le *Carthamus tinctorius* (n. 512), ou *Safran bâtard*, est cultivé comme plante annuelle; on falsifie le Safran avec ses fleurs (*Drog.*, n. 241) régulières (corolle et androcée).

Les *Centaurea* sont plus amers encore que les Chardons. Le *Centaurea Centaurium* (n. 817) servait comme fébrifuge, ainsi que le *C. Calcitrapa* (n. 821), ou *Chausse-trape*, le *C. Jacea*

(n. 820), la Jacée de nos prairies. Les *C. candidissima* (n. 816), *ruthenica* (n. 819), *pulchra* (n. 1384), *atropurpurea* (n. 818), *glastifolia* (n. 1314) sont surtout ornementaux. Le *C. Cyanus* (n. 815), le *Bleuet* de nos moissons, s'emploie surtout à la confection des collyres. Le *Cnicus benedictus* (n. 614) est un *Centaurea* de la section *Carbeni,* jadis très usité sous le nom de *Chardon-bénit.*

Les *Echinops,* comme l'*E. Ritro* (n. 510) et l'*E. sphærocephalus* (n. 511), sont sudorifiques, apéritifs et servent à traiter les affections de l'appareil urinaire.

Cichoriées.

Les *Cichorium Endivia* (n. 810), cu *Endive,* et *Intybus* (n. 811), ou *Chicorée sauvage,* sont cultivés comme herbes potagères. Le dernier est fort usité comme amer, antiscorbutique, dépuratif. C'est sa racine qui sert à préparer une boisson, substituée dans le Nord au café (*Drog.,* n. 239, 240). Le genre Epervière (*Hieracium*) est représenté par les *H. murorum* (n. 801) et *Pilosella* (n. 802).

Le *Taraxacum officinale* (n. 177), le *Pissenlit,* amer, dépuratif, potager, etc., est rapporté, comme type de section, au genre *Leontodon.*

Le *Lapsana communis* (n. 803), herbe vivace indigène, émolliente, comestible même, dit-on, sert encore dans les campagnes au traitement des excoriations du mamelon.

Le *Scolymus hispanicus* (n. 1191), le *Cardon d'Espagne,* est une plante comestible.

Le *Scorzonera hispanica* (n. 1156) est dans le même cas. Les Salsifis, tels que les *Tragopogon porrifolium* (n. 1154) et *pratense* (n. 1155), représentent des sections du même genre.

Les Laitues (*Lactuca*) proprement dites, tels que les *L. sativa* (n. 179) et *Scariola* (n. 180), *oleracea* (n. 809), *crispa* (n. 1158), sont potagères et sont peut-être toutes des variétés d'une même espèce. Le *L. altissima* (n. 808), dont la véritable origine est douteuse, sert, comme quelques-unes des précédentes, à l'extraction du *Lactucarium*. Le *L. perennis* (n. 807) et surtout le *L. virosa* (n. 178) passent pour avoir un latex très vénéneux. Le *L. muralis* (n. 1117) appartient à la section *Prenanthes* du même genre. On a aussi ramené au rang de section de ce genre les Laitrons (*Sonchus*), tels que les *S. palustris* (n. 804), *oleraceus* (n. 805) et *arvensis* (n. 1116).

Vernoniées.

Comprennent à la fois les *Vernoniées* proprement dites et les *Eupatoriées*. Le *Vernonia eminens* (n. 1803) est ornemental, et le *V. anthelminthica* (n. 1804), souvent considéré comme type d'un genre *Ascaricida*, guérit de divers helminthes.

L'*Eupatorium cannabinum* (n. 839), ou *Eupatoire d'Avicenne*, herbe vivace des lieux humides, a une racine évacuante. En Russie, ses inflorescences ont été préconisées contre la rage. L'*E. triplinerve* (n. 1677) sert, sous le nom d'*Ayapana*, à préparer des infusions aromatiques et digestives. Très voisin des Eupatoires, l'*Agératum cœruleum* (n. 1646) est ornemental.

L'*Adenostyles albifrons* (n. 1164), herbe indigène, relie ce groupe à celui des Senéçons.

Astérées.

Le genre *Aster*, extrèmement nombreux, est représenté par quelques espèces : les *A. patulus* (n. 1160), *simplex* (n. 1161), *macrophyllus* (n. 1162) et le *Galatella punctata* (n. 1162) qui appartient à une section du même genre.

Les *Erigeron* sont ornementaux, comme l'*E. mucronatum* (n. 1690), à tort cultivé sous le nom de *Vittadinia*; ou médicinaux, comme l'*E. canadense* (n. 1629), ou *Vergerette du Canada*, introduit depuis plusieurs siècles en Europe où il est devenu une mauvaise herbe et employé pour arrêter les diarrhées.

Le *Bellis perennis* (n. 841), la *Paquerette* de nos pelouses, n'est plus guère employé de nos jours comme vulnéraire et légèrement laxatif.

Le *Baccharis halimifolia* (n. 1644), de l'Amérique septentrionale, est une de nos rares Composées cultivées en pleine terre qui ait la tige ligneuse.

Le *Solidago Virga aurea* (n. 1159), notre *Verge d'or* indigène et le *S. canadensis* (n. 1805), espèces vivaces, passent pour vulnéraires, détersifs et diurétiques.

L'*Inula Helenium* (n. 172) est la *Grande-Aunée*, dans la racine de laquelle (*Drog.*, n. 249) a été découverte l'*Inuline*, et s'emploie communément au traitement des phlegmasies des muqueuses, des flux, des hémorrhoïdes, des démangeaisons produites par les dartres, etc. L'*I. squarrosa* (n. 1046) est la plante indigène dont la feuille offre le plus de ressemblances avec celle de la Digitale. Elle n'en a cependant pas les propriétés et sert au traitement des affections diarrhéiques et même dysentériques, comme l'*I. dysenterica* (n. 842), ordinairement rapporté au genre *Pulicaria* et dont le nom spécifique rappelle les usages.

L'*Antennaria dioica* (n. 1044), ou *Pied-de-chat*, indigène, pectoral (*Drog.*, n. 250), représente une des sections du genre *Gnaphalium*.

Les *Helichrysum* font partie des plantes désignées sous le nom d'*Immortelles*. L'*H. bracteatum* (n. 1124) est fréquemment cultivé comme espèce ornementale et annuelle.

Calendulées.

Les Soucis (*Calendula*), dont cette série porte le nom, sont cultivés au nombre de deux : le *C. officinalis* (n. 838), dont les capitules (*Drog.*, n. 248) étaient vantés comme emménagogues, antispasmodiques et dont les demi-fleurons servent parfois à falsifier le Safran ; et le *C. arvensis* (n. 837) ou *Souci des vignes*, dont les propriétés sont, dit-on, les mêmes. Le *Dimorphotheca pluvialis* (n. 1383), dont le nom rappelle la façon dont ses fleurs se rapprochent les unes des autres pendant la pluie, est cultivé comme ornemental et faisait jadis partie du genre Souci

Hélianthées.

Les Soleils (*Helianthus*) sont annuels, comme l'*H. annuu*
(n. 505), à graines oléagineuses ; ou vivaces, comme l'*H. tube*
rosus (n. 506), le *Topinambour*, à tiges souterraines tubercu
leuses, alimentaires, riches en Inuline.

Le *Podachœnium eminens* (n. 1645), à tort appelé *Ferdi*
nanda, est une plante mexicaine qui prend un grand dévelop
pement pendant l'été et dont la moelle abondante sert aux pré
parations microscopiques.

Le *Spilanthus oleracea* (n. 850), ou *Cresson du Para*, es
un des antiscorbutiques tropicaux les plus estimés ; il entre
dans la composition de plusieurs dentifrices.

Le *Rudbeckia laciniata* (n. 1385) est une herbe vivace de
l'Amérique du Nord, ornementale, comme le *Zinnia elegans*
(n. 845), d'origine mexicaine, cultivé chez nous comme annuel

Le *Dahlia coccinea* (n. 847), herbe vivace du Mexique, à
racines fasciculées charnues, représente une section du genre
Bidens. Le *B. bipinnata* (n. 1693), également mexicain, est de
la section *Cosmos* du même genre. Le *Coreopsis tinctoria* (n. 846),
autre espèce américaine, appartient aussi comme section au
genre *Bidens* de Tournefort.

Le *Guizotia oleifera* (n. 1147), qui doit se nommer *G. abys-*
sinica, est une des plantes oléagineuses les plus cultivées sous
les tropiques.

Le *Silphium dissectum* (n. 1336) est une grande herbe américaine, vivace, ornementale, dont les feuilles se dirigent à peu
près suivant le plan vertical.

Le groupe des *Héléniées* est représenté par l'*Helenium cali-*
fornicum (n. 1650), le *Gaillardia picta* (n. 1157), des *Œillets-*
d'Inde, les *Tagetes erecta* (n. 851) et *patula* (n. 852) et le
Flaveria Contrayerba (n. 1806), herbe vivace employée dans
l'Amérique du Sud contre les morsures des serpents.

Les Seneçons (*Senecio*) sont ou des herbes annuelles, comme le *S. vulgaris* (n. 1042), le *S. elegans* (n. 1663), ornemental ; ou vivaces, comme le *S. paludosus* (n. 1043), parfois grimpantes, comme le *S. mikanioides* (n. 1381), à tort nommé *Delairea*.

Les *Doronicum* proprement dits ont les feuilles alternes, comme le *D. pardalianches* (n. 836), ou opposées, comme l'*Arnica montana* (n. 25), plante vulnéraire célèbre, habitant nos montagnes à partir de la Côte-d'Or. Ses capitules (*Drog.*, n. 251) et ses racines sont réputés stimulants, fébrifuges ; ses feuilles sont sternutatoires (*Tabac des Vosges*). La plante doit prendre le nom de *Doronicum* (*Arnica*) *montanum*.

Les *Tussilago* constituent une section du genre *Petasites*, notamment le *T. Farfara* (n. 840), ou *Pas d'âne*, pectoral (*Drog.*, n. 252) à floraison précoce, et le *T. Petasites* (n. 1045), herbe vivace des marais qui doit se nommer *Petasites vulgaris* DESF.

Les Matricaires (*Matricaria*) comprennent les sections *Anacyclus* et *Anthemis*. Le *M. Chamomilla* (n. 629), ou *Camomille d'Allemagne*, est amer, tonique, digestif, comme l'*Anthemis nobilis* (n. 826) qui est le *Matricaria nobilis* ou *Camomille romaine* (*Drog.*, n. 244), et à un moindre degré l'*Anthemis arvensis* (n. 825) qui doit prendre le nom de *Matricaria arvensis*. Le *M. inodora* (n. 828) est peu actif, sans odeur ou à peu près. L'*Anthemis Cotula* (n. 827), la *Maroute puante*, est aussi un *Matricaria*, de même que l'*A. tinctoria* (n. 824), herbe vivace à matière colorante jaune. L'*Anacyclus Pyrethrum* (n. 24), type d'une section du genre *Matricaria*, donne la *Racine de Pyrèthre* des officines (*Drog.*, n. 243), brûlante, antiscorbutique, odontalgique.

Le *Matricaria Parthenium* L. , ou *Matricaire Mandiane*, est un *Chrysanthemum* et se substitue parfois à la Camomille. Au même genre appartiennent les *Pyrethrum*, tels que le *P. rigidum* (n. 1313), l'herbe insecticide la plus usitée aujourd'hui, les *P. roseum* (n. 1096) et *Tchihatchefi* (n. 1312), espèces ornementales de l'Orient, et des *Chrysanthèmes d'hiver*, les *P. indicum*

(n. 1094) et *sinense* (n. 1095). Les *Chrysanthemum tanacetif(
lium (n. 1548) et *Leucanthemum* (n. 831) sont légèrement ar(
matiques-amers. Le dernier est la *Grande-Marguerite* de n(
prairies. Le *C. Balsamita* (n. 1311), herbe vivace à odeur tr(
forte, est le *Baume-Coq*, type de la section *Balsamita;* et]
Tanacetum vulgare (n. 585), également très-odorant, stimulan
insecticide, est la *Tanaisie* de nos champs, type, dans le gen
Chrysanthemum, d'une section *Tanacetum.*

Le genre *Santolina* comprend comme sections les Achillées (
les Ptarmiques des auteurs. Le *S. Chamæcyparissus* (n. 50
est l'*Aurone femelle* ou *Petite-Citronnelle*, aromatique, verm
fuge, insecticide. L'*Achillea Millefolium* (n. 1115), *Herbe a
charpentier*, à la coupure, est un vulnéraire peu actif. L'*A
Ptarmica* (n. 1114), *Herbe à éternuer*, est peu usité aujourd'hu
Les *A. filipendulina* (n. 1551) et *ægyptiaca* (n. 1562) sont de
espèces ornementales à fleurs jaunes, de même que l'*A. Ag(
ratum* (n. 1550), l'*Eupatoire de Mésué.*

Les Armoises (*Artemisia*) sont amères et plus ou moins od(
rantes, vermifuges. Les principales espèces utiles du genre son
l'*A. vulgaris* (n. 833), un des emménagogues les plus célèbre
(*Drog.*, n. 245); l'*A. camphorata* (n. 244), dont le nom indiqi
l'odeur; l'*A. Abrotanum* (n. 1112), l'*Aurone mâle* ou *Herb
royale;* l'*A. Dracunculus* (n. 832), l'*Estragon;* l'*A. Absinthiu
(n. 173), *Grande-Absinthe* ou *Aluine*, très odorante, stimulant(
vermicide, dangereuse à haute dose (*Drog.*, n. 247); l'*A. can
pestris* (n. 834) et l'*A. annua* (n. 1807), espèces indigènes; l'
pontica (n. 1111), ou *Petite-Absinthe;* l'*A. maritima* (n. 1113
dont une variété (*Stechmanniana*) constitue le meilleur *Semen
contra* de l'Orient (*Drog.*, n. 246).

Ambrosiées.

L'*Ambrosia maritima* (n. 1854) est tonique, stomachiqu(
antihystérique, de même que l'*A. trifida* (n. 1630). Les *Iv(
comme l'*I. xanthifolia* (n. 1467), passent pour fébrifuges. L

Xanthium spinosum (n. 844), tonique et fébrifuge, a été souvent préconisé contre la rage. Le *X. strumarium* (n. 1853) a servi au traitement des dermatoses et teint les cheveux en blond pâle.

CAMPANULACÉES

Les principales Campanules cultivées, peu médicinales, quoique riches en latex, sont les *C. persicifolia* (n. 351), *rotundifolia* (n. 1198) et *rapunculoides* (n. 335), vivaces, indigènes ; le *C. Medium* (n. 185), espèce ornementale, dicarpienne ; les *C. pyramidalis* (n. 184) et *carpathica* (n. 1798), ornementaux ; le *C. Rapunculus* (n. 185), ou *Raiponce*, comestible. Le *Specularia Speculum* (n. 363), commun dans nos moissons, appartient à une section (*Specularia*) du genre *Campanula*, caractérisée par sa corolle large et courte et son fruit étroit et allongé.

Le *Phyteuma spicatum* (n. 327), vulnéraire et détersif, est indigène ; le *P. limonifolium* (n. 1450) a la corolle très profondément divisée. Le *Trachelium cœruleum* (n. 1688), espèce méditerranéenne, est cultivé comme plante d'ornement.

Le *Wahlenbergia hederacea* (n. 1331), indigène et vivace, avec tous les caractères des Campanules, s'en distingue par la déhiscence de son fruit, supérieure au périanthe.

Le *Platycodon grandiflorum* (n. 364), herbe vivace, asiatique, a un fruit déhiscent comme celui des *Wahlenbergia*.

Le *Canarina campanulata* (n. 1689), avec la fleur des Campanules, 5-6-mère, a une fleur jaune et un fruit charnu et comestible aux îles Canaries, sous le nom de *Bicarro ;* ce qui rapproche beaucoup ce type de certaines Cucurbitacées.

Lobéliées.

Campanulacées à fleur irrégulière. Les *Lobelia Erinus* (n. 410) et *cardinalis* (n. 412) sont surtout ornementaux ; le dernier a cependant des propriétés analogues à celles du *L. syphilitica* (n. 411) et surtout du *L. inflata* (n. 182), évacuant, émétique, narcotique, vanté contre l'asthme. Ces plantes sont de l'Amérique du Nord. Le *L. urens* (n. 181), espèce des marais de nos landes, surtout dans l'Ouest, jadis vanté comme antipériodique, est extrêmement âcre, vénéneux. Le *Siphocampylos bicolor* (n. 1552), à fleur irrégulière, comme celle des *Lobelia*, est américain. Le *Clintonia elegans* (n. 1685), dont le vrai nom est *Downingia*, plante californienne, est ornemental.

Le *Goodenia ovata* (n. 1687), petit arbuste australien, représente seul la série (ou famille) des *Goodéniées*.

CUCURBITACÉES

Intimement reliées aux Campanulacées par les *Canarina* à fruit charnu et par la corolle gamopétale des *Cucurbita*. Le *C. Pepo* (n. 1220), le *Potiron*, cultivé chez nous comme plante annuelle, a un péricarpe comestible et des graines (*semences froides*) vermicides, dites à tort *semences de Courge*. Le *C. perennis* (n. 1219) est une espèce américaine, vivace.

Le *Citrullus Colocynthis* (n. 1221) a pour fruit la *Pomme de Coloquinte*, drastique énergique, très usité (*Drog.*, n. 233).

Les *Cucumis* ont la corolle polypétale, comme le *C. sativus* (n. 1222) dont le fruit est le *Concombre*, employé à faire des pommades émollientes, et le *C. Melo* (n. 1166), d'origine probablement orientale, dont le fruit sucré est a'imentaire.

Le *Bryonia dioica* (n. 462), *Couleuvrée, Navet du diable*, etc. de nos haies, est employé pour sa racine, riche en fécule, mais aussi en principes âcres, très actifs, vénéneux (*Drog.*, n. 234).

L'*Ecballium Elaterium* (n. 170), puissant drastique, a un fruit charnu qui projette à la maturité ses semences par un trou basilaire, produit par la séparation du pédoncule. Il en sort en même temps par éjaculation un liquide irritant.

Le *Thladiantha dubia* (n. 1429), plante chinoise, tuberculeuse, dioïque, a dans sa fleur mâle, les 5 étamines presque libres.

Le *Blumenbachia lateritia* (n. 1292) appartient à la famille voisine des *Loasacées* et représente même une section du genre *Loasa*.

Le *Passiflora cœrulea* (n. 1732) représente la famille des *Passifloracées*, différant des types précédents par son ovaire supère à placentas pariétaux.

ARISTOLOCHIACÉES

Les *Aristolochia*, avec un ovaire infère, comme celui des Cucurbitacées, ont un périanthe simple, irrégulier, un fruit capsulaire. L'*A. Clematitis* (n. 1010) est indigène, vivace, à rameaux dressés. Il est vénéneux ; sa racine passe pour emménagogue. L'*A. longa* (n. 1011) servait jadis aux mêmes usages. L'*A. Sipho* (n. 1012), américain, grimpant, ornemental, sert, aux Etats-Unis, au traitement des ulcères indolents et rebelles.

Les *Asarum* ont des fleurs régulières, à périanthe simple. Leur rhizôme a une saveur poivrée. L'*A. europœum* (n. 305), ou *Cabaret, Rondelette*, espèce indigène et vivace, est évacuant, sternutatoire. Il était employé comme vomitif, surtout avant l'introduction de l'Ipecacuanha. L'*A. canadense* (n. 304), espèce très voisine, a, dit-on, les mêmes propriétés.

CACTACÉES

Représentées ici par quelques *Cereus*, comme le *C. peruvianus* (n. 1787), les *C. serpentinus* (n. 1883) et *flagelliformis*

(n. 1787); des *Opuntia* ou *Nopals :* l'*O. Ficus indica* (*Nopalea*), qui nourrit la Cochenille du Mexique; l'*O. vulgaris* (n. 1674) et l'*O. Rafinesquiana* (n. 1788), qui sont rustiques dans notre climat. L'*Epiphyllum truncatum* (n. 1788) se cultive en orangerie.

MESEMBRYANTHÉMACÉES

Voisines des Cactacées, avec les ovules des Portulacacées et de nombreux staminodes pétaloïdes en dedans des vrais pétales. Les Ficoïdes (*Mesembryanthemum*) sont surtout de l'Afrique australe; ex. : les *M. edule* (n. 1786), *multiflorum* (n. 1609); le *M. cristallinum* (n. 1610), remarquable par les poils renflés et pleins de liquide transparent que portent ses feuilles.

PORTULACACÉES

Reliées par les *Tetragonia* aux *Mésembryanthémacées*, souvent rapportés à ces dernières; ex. : le *T. expansa* (n. 300), ou *Epinard de la Nouvelle-Zélande*, herbe potagère, antiscorbutique. Les Pourpiers (*Portulaca*) sont aussi charnus, comestibles, comme le *P. oleracea* (n. 301), l'espèce commune de nos potagers, souvent vantée comme rafraîchissante et antiscorbutique ; le *P. grandiflora* (n. 302), américain, ornemental.

CARYOPHYLLACÉES

Ovules campylotropes des *Portulacacées*. Ovaire supère, à fausse placentation centrale (réellement axile avec résorption plus ou moins précoce des cloisons ovariennes).

Lychnidées ou **Dianthées**.

Les *Lychnis sylvestris* (n. 1340), à fleurs roses; *dioica* (n. 1341), ou *Compagnon blanc*, à corolle blanche; *Flos-Cuculi* (n. 1567), des marais, à pétales laciniés; *chalcedonica* (n. 1342), ou *Croix de Jérusalem*, à fleurs coccinées; *oculata* (n. 1556), de la section *Viscaria*, sont les principales espèces cultivées.

Le *Lychnis Githago* (n. 1568) appartient à un genre distinct et doit s'appeler *Githago segetum*. Ses loges ovariennes sont superposées aux pétales et non, comme celles des *Lychnis*, aux sépales. C'est la *Nielle des blés*, dont les semences, mélangées à celles des céréales, sont dangereuses.

Les Œillets (*Dianthus*) sont, entre autres, le *D. Caryophyllus* (n. 562), ou *OEillet à ratafia;* le *D. barbatus* (n. 561), ou *OE. de poète;* le *D. plumarius* (n. 563), ou *Mignardise*.

Les *Silene* ont ordinairement 3 branches stylaires, comme les *S. maritima* (n. 1368), *pendula* (n. 1370).

Le *Saponaria officinalis* (n. 464) a 2 styles, 2 loges ovariennes incomplètes et un fruit 4-valve. Il est célèbre par ses propriétés savonneuses, mucilagineuses, etc. On emploie ses feuilles (*Drog.*, n. 140) et surtout son rhizôme (*Drog.*, n. 141).

Alsinées.

Caractérisées par des sépales libres ou à peu près, comme dans le *Stellaria media*, nommé aussi *Alsine media* (n. 1339), le *Mouron blanc* ou *des oiseaux;* le *S. Holostea* (n. 1338), espèce vivace commune; le *Cerastium grandiflorum* (n. 960) et le *Gypsophila paniculata* (n. 1716), plantes d'ornement.

Les Espargoutes (*Spergula*) ont cinq styles alternisépales; tel le *S. arvensis* (n. 1566), dont on a essayé de faire du pain.

Le *Cucubalus bacciferus* (n. 1639), herbe indigène, grimpante, est notre seule Caryophyllacée à fruit légèrement charnu, indéhiscent; il a été vanté comme hémostatique.

A l'ancienne famille des *Paronychiacées*, inséparable des *Caryophyllacées*, se rapportent les quelques genres suivants :

Paronychia. Le *P. serpyllifolia* (n. 1756), plante vivace d
nos régions alpines, est un astringent léger.

Telephium. Le *T. Imperati* (n. 303), herbe vivace, a parfoi
été rangé parmi les Mésembryanthémacées.

Scleranthus. Le *S. annuus* (n. 1344) est indigène, commun
dans nos champs arides, diurétique et astringent.

Herniaria. L'*H. glabra* (n. 1345), ou *Turquette*, est encor
assez usité contre diverses affections des voies urinaires.

TAMARICACÉES

Fleurs polypétales ; ovaire supère ; placentas basilaires ou pa
riétaux. Ex. : les *Tamarix indica* (n. 306) et *tetrandra* (n. 307)
Une des formes du premier produit, sous l'influence de la piqûr
d'un insecte, et principalement dans les régions chaudes, un
sorte de *Manne.* Le *Myricaria germanica* (n. 308) représent
une section de ce genre ; il est astringent et dépuratif.

SALICACÉES

Famille représentée par les Peupliers et par des Saules (*Sa*
lix), tels que le *S. Caprœa* (n. 1876), ou *Marceau*, à écorc
tonique, astringente et fébrifuge, et le *S. babylonica* (n. 314)
ou *Saule-pleureur*, qui rappellent le type des Tamaricacées
avec une fleur sans périanthe ou au moins apétale.

CHÉNOPODIACÉES

Ovules semblables à ceux des *Caryophyllacées, Portula*

cées, etc., basilaires et ordinairement solitaires dans la loge unique de l'ovaire libre. Fleurs apétales.

Les *Chenopodium* utiles sont nombreux. Le *C. album* (n. 286) est émollient. Le *C. Quinoa* (n. 281), espèce américaine, est célèbre par la fécule de ses graines et se cultive commé alimentaire. Les *C. Botrys* (n. 1448) et *ambrosioides* (n. 1367), aromatiques, stimulants, sont surtout vermifuges. Le *C. Vulvaria* (n. 280) doit son odeur infecte à la propylamine, assure-t-on.

L'*Hablitzia tamnoides* (n. 287) est une plante asiatique, vivace, à tiges grimpantes.

Le *Salsola Soda* (n. 1449), plante des sables salés, servait jadis à l'extraction de la soude. Le *Suœda fruticosa* (n. 285) a, à un moindre degré, les mêmes qualités.

Les *Beta* ont des racines à sucre,. comme le *B. vulgaris* (n. 284), notre *Betterave* cultivée; ou des feuilles émollientes, comme le *B. Cicla* (n. 283), la *Carde* ou *Poirée*. Le *B. trigyna* (n. 792) est une espèce vivace, à style 3-mère.

Le *Blitum Bonus-Henricus* (n. 282), souvent rangé, comme type de section, dans le genre *Chenopodium*, est une plante vivace, émolliente, potagère, jadis très employée.

Le *Spinacia oleracea* (n. 278) est notre *Epinard* cultivé.

L'*Atriplex hortensis* (n. 279), l'*Arroche* des jardins, est potager et émollient, maturatif.

Les *Basella* représentent une série anormale de la famille, à branches volubiles, à fleurs accompagnées de quatre bractées. Les *B. alba* (n. 296) et *rubra* (n. 297) ne sont peut-être que deux variétés d'une même espèce; ils sont comestibles.

Le *Boussingaultia baselloides* (n. 295), qui a des organes de végétation aériens analogues, possède des tubercules souterrains, à plusieurs reprises proposés comme succédanés de la pomme de terre. C'est une plante américaine.

Les *Amarantées* ne doivent probablement constituer qu'une série de la famille des Chénopodiacées. Elles sont représentées par des *Amarantus*, tels que l'*A. caudatus* (n. 1445), l'*A. specio-*

sus (n. 1446), l'*A. melancholicus* (n. 1447), l'*Iresine Herbs*
(n. 1167) et le *Celosia cristata* (n. 1392), herbes inusitées, (
nementales pour la plupart. Le *Bosia Yerva-mora* (n. 143
arbuste des Canaries, exceptionnel dans ce groupe par son po
a des fleurs dioïques ; on le dit vulnéraire.

PLANTAGINACÉES

Les Plantains (*Plantago*) relient les groupes précédents a
Solanacées, notamment aux *Strychnées*, dont on a de la peine à
distinguer par des caractères précis, autres que ceux tirés
port et l'inflorescence. Les *P. major* (n. 1107), *media* (n. 110
lanceolata (n. 1109), herbes vivaces indigènes, sont ém
lients et servent surtout à la préparation des collyres. Le
Psyllium (n. 1110), ou *Herbe aux puces*, a des graines dont
tégument extérieur développe au contact de l'eau un abonda
mucilage émollient, de la même façon que celles des Lins.

SOLANACÉES

Solanées.

Les Morelles (*Solanum*) ont la corolle rotacée. Le *S. tuber*
sum (n. 352), la *Pomme de terre*, probablement originaire d
régions les plus méridionales de l'Amérique du Nord, est cu
tivé chez nous comme plante annuelle pour ses tubercules rich
en fécule (*Drog.*, n. 179). Le *S. esculentum* (n. 354), l'*Aube*
gine, a des fruits comestibles. Le *S. Dulcamara* (n. 11), *Douc*
amère, espèce indigène à rameaux sarmenteux, est emplo
comme dépuratif, diurétique, anticatarrhal ; on se sert de s
branches coupées en tronçons (*Drog.*, n. 178). Le *S. nigru*

(n. 11), la *Morelle noire*, est annuel; ses feuilles (*Drog.*, n. 177) font partie du *Baume tranquille*. Les *S. jasminoides* (n. 366), *glaucophyllum* (n. 1710), *aureum* (n. 1711), *marginatum* (n. 1712), *glutinosum* (n. 1578) sont ornementaux, exotiques et ne supportent la pleine terre chez nous que pendant la belle saison. Le *S. pseudo-capsicum* (n. 350) est frutescent et dressé.

Le *Lycopersicum esculentum* (n. 424), la *Tomate*, à fruit comestible, représente une section du genre *Solanum*.

Le *Solandra grandiflora* (n. 349), frutescent, américain, a les propriétés des Stramoines.

L'*Atropa Belladona* (n. 1) diffère surtout des *Solanum* par la forme subcampanulée de sa corolle brune. Il est indigène, vivace. On emploie surtout ses feuilles (*Drog.*, n. 182) et sa portion souterraine (tige et racines) (*Drog.* n. 184). Son fruit, la *Guigne de côtes*, entièrement charnu, est globuleux-déprimé, noirâtre, accompagné du calice persistant (*Drog.*, n. 183). Toutes ses parties renferment de l'*Atropine* qui s'extrait surtout aujourd'hui des portions souterraines.

Le *Mandragora vernalis* (n. 1123), vivace, acaule, de la région méditerranéenne, à fleurs jaunâtres et précoces, passe pour extrèmement vénéneux; ses baies mûres ont cependant une odeur agréable. Il était surtout usité en médecine et dans les sortilèges, à cause de sa racine *antropomorphe*.

Le *Physalis Alkekengi* (n. 357), le *Coqueret*, *Amour en cage*, herbe vivace de nos terrains calcaires, a le fruit de la Belladone, mais rouge et entouré du calice accru en vésicule rougeâtre; il est purgatif, dépuratif et fait partie du *Sirop de Rhubarbe*.

Le *Capsicum annuum* (n. 33), *Piment de jardin*, *Corail de jardin*, cultivé comme annuel, a des fruits longs, à enveloppe un peu coriace, à saveur très piquante (*Poivre de Cayenne*) (*Drog.*, n. 181), sauf dans la variété dite *Piment doux;* digestif, remède puissant des hémorrhoïdes.

Le *Withania origanifolia* (n. 1691), grimpant et vivace, a des baies blanches, douceâtres, non vénéneuses.

7.

Les *Lycium europæum* (n. 460) et *barbarum* (n. 384), à tiges ligneuses, sarmenteuses, sont aujourd'hui inusités.

Les *Cestrum*, à embryon droit ou à peine arqué, passent en Amérique pour astringents, fébrifuges; ex. : *C. Parqui* (n. 1570), *fasciculatum* (n. 1622), *aurantiacum* (n. 1624).

Le *Nicandra physaloides* (n. 358) appartient à cette série par son fruit indéhiscent; mais celui-ci a une paroi très mince et finalement sèche. C'est une herbe annuelle du Pérou, dont la fleur représente souvent le type le plus complet de la famille, car son ovaire peut avoir 5 loges, en ce cas oppositipétales.

Nicotianées.

Les Tabacs (*Nicotiana*) ont un fruit capsulaire, 2-4-valve. Le *N. Tabacum* (n. 362) est le plus usité (*Drog.*, n. 186). Le *N. rustica* (n. 361), d'origine américaine (?), comme le précédent, a des fleurs verdâtres et entre dans la préparation du *Baume tranquille*. Le *N. glauca* (n. 360) est frutescent, et le *N. noctiflora* (n. 361) a des fleurs blanches assez grandes.

Les Stramoines (*Datura*) ont un fruit à 2 loges, imparfaitement divisées en 2 logettes par une fausse cloison. Dans le *D. Stramonium* (n. 344), surtout employé comme antiasthmatique (*Drog.*, n. 187, 188), le fruit est chargé d'aiguillons (*Pomme épineuse*). Le *D. lœvis* (n. 345) n'en est probablement qu'une variété à péricarpe lisse. Le *D. Tatula* (n. 347), plus estimé que les précédents contre l'asthme, se distingue par des tiges rougeâtres et des corolles lilacées. Les *D. Metel* (n. 346) et *arborea* (n. 348), vénéneux, peuvent être substitués au *D. Stramonium*.

Les Jusquiames (*Hyosciamus*) ont des pyxides pour fruits, des corolles plus ou moins irrégulières et des fleurs en cymes scorpioïdes. L'*H. niger* (n. 542) est la véritable espèce officinale (*Drog.*, n. 189, 190). L'*H. pallidus* (n. 1690) n'en est peut-être qu'une variété à corolle de couleur jaune pâle. L'*H. albus* (n. 543), espèce indigène annuelle, a des cymes courtes, des fleurs peu irrégulières et se substitue à l'*H. niger*.

Les *Scopolia*, très voisins des Jusquiames dont ils ont le fruit, se distinguent par des fleurs précoces, à corolle régulière et subcampanulée ou a peine dentée, brune ou violette. Ex. : *S. carniolica* (n. 359) et *S. orientalis* (n. 1560).

Loganiées.

Fleur de *Solanées;* fruit sec; feuilles opposées. Le *Spigelia marylandica* (n. 843), qui appartient à cette série, est herbacé, vivace, à cymes unilatérales. C'est le *Pink-root* des Américains, narcotico-âcre, vermicide, altérant, mydriatique.

Les *Buddleia*, employés seulement dans les pays chauds, ont des fleurs régulières, 4-mères, 4-andres et un fruit capsulaire; ce sont des arbustes à feuilles opposées, comme les *B. salicifolia* (n. 1625), *diversifolia* (n. 1626), *madagascariensis* (n. 1627) et *Lindleyana* (n. 1628), souvent ornementaux.

Strychnées.

Fleur de *Solanées;* fruit charnu; feuilles opposées. Le *Strychnos Nux vomica* (n. 1728), dont la graine est la *Noix vomique* (*Drog.*, n. 174), médicament *tétanisant*, est de l'Asie tropicale; il ne peut guère chez nous quitter la serre-chaude. Son écorce amère est la *Fausse-Angusture* (*Drog.*, n. 176).

Salpiglossées.

Solanacées anormales, à corolle souvent irrégulière, à étamines inégales (2-4) On cultive comme ornementaux les *Petunia violacea* (n. 144) et *nyctaginiflora* (n. 145), le *Salpiglossis sinuata* (n. 1175), le *Schizanthus pinnatus* (n. 1485), du Chili, à 2 étamines fertiles.

Le *Duboisia myoporoides* (n. 1781) est un arbuste océanien, dont les propriétés mydriatiques sont à peu près celles de la Belladone, et qui a des fleurs petites et blanches, à corolle irrégulière, à 4 étamines didynames, avec un fruit charnu.

SCROFULARIACÉES

Considérées comme représentant la forme à fleurs irrégulières des Solanacées dont elles ne se séparent peut-être pas réellement comme famille.

Les Digitales (*Digitalis*) ont des étamines didynames et à anthères biloculaires. Le *D. purpurea* (n. 2), ou *Gant de Notre-Dame*, est la plante cardiaque par excellence; on emploie surtout ses feuilles (*Drog.*, n. 193). Le *D. lutea* (n. 1148) a les mêmes propriétés à un plus faible degré et n'est guère usité.

Les Véroniques (*Veronica*) ont l'androcée réduit à 2 étamines et la corolle irrégulière, 4-mère. Les *V. Beccabunga* (n. 544), *officinalis* (n. 545), *Chamœdrys* (n. 546) et *Teucrium* (n. 547) sont encore employés, quoique peu actifs. Les principales espèces non officinales, indigènes ou cultivées, sont les *V. orientalis* (n. 1749), *gentianoides* (n. 1748), *spicata* (n. 859), *speciosa* (n. 1620), *hederœfolia* (n. 1747), *arvensis* (n. 1488), *excelsa* (n. 860), *salicifolia* (n. 1619).

Les Molènes (*Verbascum*) sont intermédiaires aux Scrofulariacées et aux Solanacées-Salpiglossées. Elles sont émollientes, surtout le *V. Thapsus* (n. 367), ou *Bouillon-blanc*, à fleurs jaunes, odorantes, en grappes de cymes (*Drog.*, n. 192), les *V. nigrum* (n. 1652), *Blattaria* (n. 1653) et *phœniceum* (n. 1328).

Le *Gratiola officinalis* (n. 36), ou *Herbe à pauvre-homme*, plante des localités marécageuses, à feuilles opposées, à fleurs axillaires, rosées, est très âcre, vénéneux.

Les *Scrofularia* ont des étamines didynames, un staminode squamiforme et des feuilles opposées. Les *S. nodosa* (n. 34), *aqualica* (n. 35), *vernalis* (n. 1184), *luridifolia* (n. 1746) sont peu employés comme antistrumeux, résolutifs, vermifuges.

L'*Antirrhinum majus* (n. 542), ou *Muflier, Gueule de loup, de lion*, est peu usité comme émollient, résolutif. Les *Linaria*, qui sont peut-être congénères, sont aussi fort délaissés : tels les *L. vulgaris* (n. 540), *spuria* (n. 1759), *minor* (n. 1647), *purpurea* (n. 1343) et le *L. Cymbalaria* (n. 541), qui s'attache aux murailles et aux roches.

On ne cultive que comme plantes d'ornement les *Collinsia bicolor* (n. 1601) et *grandiflora* (n. 1602), les *Pentstemon Digitalis* (n. 1491) et *gentianoides* (n. 1858), et le *Calceolaria rugosa* (n. 1755), à fleurs jaunes, du Pérou.

L'*Halleria lucida* (n. 1857), arbuste du Cap, n'a de même rien d'intéressant qu'au point de vue botanique, ainsi que le *Paulownia tomentosa* (n. 1484), bel arbre du Japon; le *Nycterinia selaginoides* (n. 1336), du Cap, à corolle presque régulière, qui doit prendre le nom de *Zaluzanskia;* les *Lophospermum erubescens* (n. 1333) et *Maurandia Barclayana* (n. 1695), grimpants et ornementaux; le *Mimulus moschatus* (n. 1334), ou *Musc végétal*, dont on a essayé d'extraire le parfum, et le *M. cardinalis* (n. 1335), à grandes fleurs rouges.

Les *Gesnéracées*, très voisines des Scrofulariacées, mais non médicinales, sont représentées par le *Gesnera grandis* (n. 1484) et le *Columnea scandens* (n. 989).

PÉDALIACÉES

Martyniées.

Ce sont des *Cornarets* (*Martynia*), savoir les *M. lutea* (n. 1139), *fragrans* (n. 1140) et *annua* (n. 1621), tous de l'Amérique tropicale, cultivés chez nous comme plantes annuelles.

Sésamées.

Le *Sesamum indicum* (n. 1522), cultivé aussi comme plante

annuelle, est célèbre par l'*Huile de Sésame* qu'on extrait d
ses graines très peu volumineuses, albuminées.

BIGNONIACÉES

Quelques genres seulement représentent cette famille don
aucune espèce n'est aujourd'hui employée dans la médecin
européenne. Ce sont les suivants :

Bignonia. — Le *B. unguis* (n. 1477) et le *B. capreolat*
(n. 1675), ce dernier rustique, sont sarmenteux, grimpants.

Catalpa. — Le *C. bignonioides* (n. 1482), de l'Amérique di
Nord, est un grand arbre dressé à belles fleurs blanches.

Jacaranda. — Le *J. mimosæfolia* (n. 1758) est un arbre di
Brésil, à fleurs bleues, non rustique chez nous.

Tecoma. — Les principales espèces cultivées de ce genr
sont les *T. grandiflora* (n. 1478), *jasminoides* (n. 1479), *ca*
pensis (n. 1480), *radicans* (n. 1481), toutes ornementales.

Eccremocarpus. — Genre anormal, de l'Amérique méridio
nale, représenté par l'*E. scaber* (n. 1483), herbacé et grimpant

ACANTHACÉES

Les Acanthes (*Acanthus*) sont assez rustiques, vivaces ; on le
a employées contre les plaies et les brûlures ; ex. : les *A. mollis*
(n. 549), *lusitanicus* (n. 707), *spinosus* (n. 548), ou *Branche*
ursine, espèces méridionales.

L'*Adhatoda Vasica* (n. 879), arbuste de l'Inde, est amer e
antispasmodique, antiasthmatique et fébrifuge.

Le grand genre *Ruellia* est représenté par le *R. strepens*

(n. 1008); et le genre *Thunbergia*, à fleurs presque régulières, par le *T. alata* (n. 1597), cultivé comme plante annuelle.

MYOPORACÉES

Les *Myoporum parviflorum* (n. 1644) et *serratum* (n. 1874), arbustes australiens, ne sont pas médicinaux.

L'*Hebenstreitia tenuifolia* (n. 1872) est rapporté à la famille voisine des *Sélaginacées.* On lui attribue aussi comme section les *Globulariées*, comprenant notamment le *Globularia vulgaris* (n. 1302), herbe indigène, évacuante, et le *G. Alypum* (n. 1654), ou *Globulaire Turbith*, *Séné des Provençaux*, dont les feuilles constituent, dans le Midi, un purgatif doux.

LABIÉES

Fleurs irrégulières. Androcée généralement didyname. Style gynobasique. Fruit formé de 4 achaines répondant à autant de demi-loges ovariennes. Ovules ascendants, à micropyle inférieur et extérieur. Toutes les Labiées ici énumérées sont aromatiques, stimulantes; ou bien, n'étant pas usitées, représentent une des divisions naturelles de la famille dont elles permettent d'étudier les caractères.

Ocimum. — L'*O. Basilicum* (n. 1859) est le *Grand-Basilic*, et l'*O. minimum* (n. 1141), le *Petit-Basilic*, d'origine indienne, très odorants, digestifs, antispasmodiques.

Coleus. — Le *C. Blumei* (n. 1656), de l'Inde, est ornemental.

Lavandula. — Le *L. Spica* (n. 529) et le *L. vera* (n. 528), ou *Lavande femelle*, sont les espèces vraiment officinales (*Drog.*, n. 214). Le *L. Stœchas* (n. 530) ou *Stœchas arabique*, de la région méditerranéenne (*Drog.*, n. 214), fournit une essence très odorante, stimulante, antirhumatismale.

Satureia. — Le *S. montana* (n. 534), espèce vivace, et le *S. hortensis* (n. 535), annuel, sont les *Sarriettes* employées.

Hyssopus. — L'*H. officinalis* (n. 536) est stimulant et pectoral (*Drog.*, n. 217).

Pogostemon. — Le *P. Patchouly* (n. 1412), de l'Inde, donne un parfum de ce nom, surtout quand il est sec.

Perilla. — Le *P. nankinensis* (n. 1419), espèce chinoise, a des feuilles noirâtres, ornementales.

Mentha. — Le *M. piperita* (n. 524), inconnu à l'état sauvage, est la principale espèce officinale (*Drog.*, n. 216). Les *M. rotundifolia* (n. 525), *aquatica* (n. 526), *crispa* (n. 1365) sont communs à l'état sauvage. Le *M. citriodora* (n. 1145) est employé en parfumerie. Le *M. sylvestris* (n. 1144) et le *M. viridis* (n. 1142) passent pour être des formes d'une même espèce, la dernière étant sortie, croit-on, comme race cultivée, de la première. Le *M. pubescens* (n. 1369) est aussi, pour beaucoup d'auteurs, une variété non glabre du *M. sylvestris*. Le *M. Pulegium* (n. 527), ou *Pouliot*, petite espèce de nos prés humides, est tonique, emménagogue, antispasmodique.

Lycopus. — Le *L. europœus* (n. 531), commun dans les localités humides, chaud et aromatique, a des fleurs diandres.

Thymus. — Le *T. vulgaris* (n. 532) est le *Thym* de nos jardins, dont on extrait le *Thymol*, désinfectant, cicatrisant, etc., et le *T. Serpyllum* (n. 533) est le *Serpolet* de nos champs (*Drog.*, n. 224).

Origanum. — L'*O. vulgare* (n. 1410) est notre *Origan sauvage*. L'*O. humile* (n. 1635) a les mêmes propriétés aromatiques. L'*O. Majorana* (n. 1411) est la *Marjolaine*.

Calamintha. — Le *C. officinalis* (n. 1136) est le *Melissa Calamintha* L. et a les propriétés du *M. officinalis*.

Melissa. — Le *M. officinalis* (n. 537) est la plus usitée des Labiées comme digestive, cardiaque et tonique (*Drog.*, n. 218).

Monarda. — Le *M. didyma* (n. 1631) est ornemental.

Salvia. — Le *S. officinalis* (n. 1053) est la *Sauge* du Midi, frutescente, stimulante, aromatique (*Drog.*, n. 220). Les *S. pratensis* (n. 1052) et *Verbenaca* (n. 1146), espèces vivaces, sont moins actifs. Le *S. Horminum* (n. 1067) a ses inflorescences surmontées de bractées colorées. Le *S. Sclarea* (n. 1066) est la *Toute-bonne* des anciens médecins. Le *S. splendens* (n. 1490), espèce américaine à bractées rouges, est ornemental.

Rosmarinus. — Le *R. officinalis* (n. 1513), ligneux, à odeur camphrée, est très employé en médecine et en pharmacie (*Drog.*, n. 219), de même que son essence à odeur forte.

Nepeta. — Le *N. Cataria* (n. 538), l'*Herbe aux chats*, est très aromatique. Le *N. hederacea* (n. 539), le *Lierre terrestre* (*Drog.*, n. 221), pectoral, appartient à la section *Glechoma*.

Dracocephalum. — Le *D. moldavicum* (n. 1420) s'emploie, sous le nom de *Mélisse de Moldavie*, comme le *M. officinalis*.

Betonica. — Comprenant les *Stachys*. Le *B. officinalis* (n. 1502) est peu actif comme aromatique, quoique très vanté par les anciens. Les *B. recta* (n. 1387) et *germanica* (n. 1388) sont indigènes, vivaces. Le *B. lanata* (n. 1541) est ornemental par ses feuilles couvertes de duvet blanc.

Lamium. — Peu odorants. Le *L. album* (n. 1063) est l'*Ortie blanche*, dont les fleurs (*Drog.*, n. 222) et les feuilles sont vulnéraires, peu actives. Les *L. amplexicaule* (n. 1400), *purpureum* (n. 1401), *maculatum* (n. 1064), à fleurs roses, et le *L. Galeobdolon* (n. 1065), ou *Galeobdolon luteum*, à fleurs jaunes, espèces indigènes, sont également bien peu actifs.

Leonurus. — Le *L. Cardiaca* (n. 1068), *Cardiaque* ou *Agripaume*, est un *Lamium* à feuilles découpées, à sépales spinescents au sommet et passe pour tonique.

Ballota. — Le *B. fœtida* (n. 1061), ou *Ballote noire*, était jadis vanté comme stimulant peu actif.

Marrubium. — Le *M. vulgare* (n. 1062), ou *Marrube blanc*, Bonhomme, passe pour emménagogue et fébrifuge.

Scutellaria. — Le *S. Columnœ* (n. 1138), herbe méridionale vivace, a été introduit dans les environs de Paris.

Brunella. — Le *B. vulgaris* (n. 1137), herbe indigène, vivace est un aromatique-amer, très peu efficace.

Ajuga. — L'*A. reptans* (n. 1058) et l'*A. pyramidali* (n. 1059), considérés jadis comme des panacées, sous le nom de *Bugles*, aujourd'hui presque inusités. L'*A. Chamœpytis* (n. 1060) un peu plus aromatique, est l'*Ivette musquée*.

Teucrium. — Le *T. Scordium* (n. 1054), ou *Germandrée d'eau*; le *T. Scorodonia* (n. 1055), ou *G. des bois*; le *T. Chamœdrys* (n. 1056), ou *Petit-Chêne* (Drog., n. 223), et le *T. montanum* (n. 1057), ou *Pouliot de montagne*, sont des herbes indigènes, stimulantes, diaphorétiques, antiseptiques, caractérisées par une corolle profondément fendue en arrière et, par suite, entièrement déjetée en avant.

Les *Eremostachys iberica* (n. 1540), *Physostegia virginiana* (n. 1670) et les *Phlomis agraria* (n. 1499), *tuberosa* (n. 1500), *Russeliana* (n. 1501), *fruticosa* (n. 1143) et *Herba-venti* (n. 1557), espèces vivaces ou frutescentes, sont des plantes d'ornement.

VERBÉNACÉES

Très voisines des Labiées dont elles ne diffèrent essentiellement que par leur style non gynobasique, à moins que leur corolle ne devienne régulière ou à peu près.

Les Verveines (*Verbena*) sont représentées dans notre pays par une espèce, le *V. officinalis* (n. 517), l'*Herbe aux sorcières*, peu active probablement (*Drog.*, n. 213). Parmi les nombreuses espèces exotiques, on cultive les *V. Melindres* (n. 518) et *bonariensis* (n. 519), plantes d'ornement.

Le *Lippia citriodora* (n. 1177), ou *Verveine Citronnelle*, est très aromatique, stimulant, non rustique.

Les Gattiliers (*Vitex*) sont légèrement stimulants. Les *V. Agnus castus* (n. 514) et *incisa* (n. 515) sont ligneux et rustiques.

Les *Lantana* ont souvent les propriétés aromatiques des Labiées. Ex. : les *L. Camara* (n. 1178) et *Sellowiana* (n. 1466).

On cultive comme arbustes d'ornement les *Citharexylum quadrangulare* (n. 1468), *Clerodendron Thomsonœ* (n. 1391), *fœtidum* (n. 1390), le *Duranta Plumieri* (n. 1696) et le *Callicarpa americana* (n. 165), à corolles presque régulières.

BORAGINACÉES

Ordinairement considérées comme représentant la forme régulière des Labiées, dont elles ont, il est vrai, le gynécée à style gynobasique. Mais leur ovule a constamment le micropyle supérieur, qu'il soit descendant ou ascendant.

Le *Borago officinalis* (n. 644), plante naturalisée, célèbre comme sudorifique et diurétique, mais peu active, a des corolles rotacées (*Drog.*, n. 200, 201). Le *Caccinia glauca* (n. 645), herbe vivace d'Orient, fort analogue, est ornemental.

Le *Symphytum officinale* (n. 23), la *Grande Consoude*, à racines noirâtres, très mucilagineuses (*Drog.*, n. 202), est une herbe vivace des endroits humides. Le *S. asperrimum* (n. 1703), simple forme du *S. peregrinum*, est indiqué comme fourrage. Le *S. tauricum* (n. 1702) n'est pas usité.

Le *Cynoglossum officinale* (n. 1701), ou *Langue de chien*, dicarpien, indigène, vanté comme narcotique, est probablement peu actif ou simplement émollient (*Drog.*, n. 205).

Les *Buglosses* usitées sont l'*Anchusa italica* (n. 1179), l'*A. officinalis* (n. 1180) et l'*A. sempervirens* (n. 1181), type de la section *Caryolopha*, tous peu actifs.

Le *Lithospermum officinale* (n. 1070), le *Grémil officinal*, est

une espèce vivace, et le *L. arvense* (n. 1071), commun dans :
moissons, est annuel. Ce sont des *thés* indigènes.

Le *Lycopsis arvensis* (n. 1183), ou *Fausse-Buglosse*, a ι
corolle à limbe à peu près régulier et à tube irrégulier, re
sur lui-même ; il est commun dans nos champs.

Les *Omphalodes* sont annuels et à fleurs blanches, com
l'*O. linifolia* (n. 1075), ou vivaces et à fleurs bleues, comme
O. verna (n. 1072) et *longiflora* (n. 1074).

Le *Cerinthe minor* (n. 1489) est glabre, fait exceptionnel da
la famille des *Aspérifoliées*, et a des fleurs jaunes, avec une
vision incomplète des deux carpelles.

Les *Pulmonaria officinalis* (n. 912) et *angustifolia* (n. 10(
ont la gorge de la corolle à peu près nue (*Drog.*, n. 204).

Les *Myosotis palustris* (n. 522), *alpestris* (n. 523), *sylvati*
(n. 1416) ont la corolle tordue dans la préfloraison.

L'*Echium vulgare* (n. 1182), la *Vipérine*, a des fleurs irrég
lières par la corolle et l'androcée.

Les *Heliotropium*, comme l'*H. europæum* (n. 520), à fleu
inodores, et l'*H. peruvianum* (n. 521), à corolles odorantes, o
le style non gynobasique et les ovules descendants, anatrope
Le *Tournefortia heliotropioides* des auteurs (n. 1704) par
appartenir au même genre.

Les *Hydrophyllées* et *Hydroléacées* représentent aussi d
Boraginacées à style terminal, avec 2 ou plusieurs ovules da
chaque carpelle. Leurs fleurs sont disposées en cymes scorp
oides, et régulières. Ces groupes sont représentés par des plant
non médicinales chez nous : l'*Hydrophyllum appendiculatu*
(n. 1415), le *Nemophila insignis* (n. 1350), l'*Eutoca viscid*
(n. 1673), les *Phacelia grandiflora* (n. 1413) et *congest*
(n. 1414), les *Wigandia Vigieri* (n. 1417) et *macrophyll*
(n. 1418), ornementaux.

CONVOLVULACÉES

Les Liserons (*Convolvulus*) sont annuels, comme le *C. tricolor* (n. 1079), la *Belle-de-Jour;* ou vivaces, comme notre *C arvensis* (n. 1698), indigène, peu employé, et le *C. Scammonia* (n. 1080), espèce méditerranéenne orientale, dont la racine épaisse donne la *Scammonée* officinale.

Les *Calystegia sepium* (n. 1076) et *Soldanella* (n. 1075) sont indigènes, peu usités; le *C. pubescens* (n. 1723) est exotique et ornemental.

L'*Ipomœa purpurea* (n. 1078), annuel, est ornemental.

L'*Exogonium Jalapa* (n. 1077) est la plante mexicaine, plus souvent appelée à tort *E. Purga*, qui donne le meilleur *Jalap tubéreux*, constitué par ses racines adventives renflées et riches en latex. Ne doit pas être confondu avec le *Convolvulus Jalapa*.

Le *Batatas edulis* (n. 854) a des racines renflées, douces et comestibles. Appartient peut-être au genre *Ipomœa*.

Le *Cuscuta europœa* (n. 969), parasite (ici sur les Orties), aphylle, non chlorophyllé, représente la série des *Cuscutées*.

POLÉMONIACÉES

Non médicinales; représentées par des plantes d'ornement, la plupart américaines : les *Polemonium cœruleum* (n. 1081), ou *Valériane grecque*, et *repens* (n. 1082); les *Phlox Drummondi* (n. 1083), *paniculata* (n. 1084) et *setacea* (n. 1050); les *Gilia laciniata* (n. 1125), *capitata* (n. 1126) et *elegans* (n. 1127), de la section *Ipomopsis;* le *Collomia coccinea* (n. 1129), le *Cobœa scandens* (n. 1085), herbe grimpante, et le *Bonplandia gemini-flora* (n. 1487), à corolle irrégulière, subbilabiée, bleue.

GENTIANACÉES

Les Gentianes (*Gentiana*) ont les feuilles opposées et des placentas pariétaux. La véritable espèce officinale est le *G. lutea* (n. 7), *Gentiane jaune* ou *Grande-Gentiane*, herbe de nos montagnes, à racine jaunâtre, amère, sentant un peu le miel (*Drog.*, n. 228), à épis terminaux de cymes. On emploie également comme amers et toniques, mais plus rarement, les *G. acaulis* (n. 189), *asclepiadea* (n. 190), *cruciata* (n. 191) et *Pneumonanthe* (n. 964), espèces à fleurs bleues.

L'*Erythræa Centaurium* (n. 164), ou *Petite-Centaurée*, herbe vivace de nos bois, à feuilles opposées, a des fleurs roses, rarement blanches, disposées en cymes composées, et est fort employé comme amer, digestif, fébrifuge (*Drog.*, n. 229). Le *Swertia perennis* (n. 1860), à fleurs violacées, est peu usité.

Le *Menyanthes trifoliata* (n. 27), ou *Trèfle d'eau*, est le type de la série des *Ményanthées*, vivace, à rhizômes rampants, à feuilles alternes, trifoliolées. C'est une espèce amère, dépurative, antiscorbutique (*Drog.*, n. 230). Dans la même série, le *Limnanthemum nymphoides* (n. 965), plante également aquatique, a les mêmes propriétés, quoiqu'à un plus faible degré.

APOCYNACÉES

Les *Apocynum* ont donné leur nom à la famille, mais y représent un type anormal en ce sens que leur réceptacle est légèrement concave, comme celui des *Menyanthes*. Les *A. hyperici-*

folium (n. 1318) et *venetum* (n. 1320) sont âcres, et évacuants : ils sont souvent désignés sous le nom d'*Attrape-mouches*.

Les *Vinca* ont aussi le réceptacle floral légèrement concave. Le *V. major* (n. 29), ou *Grande-Pervenche,* et le *V. minor* (n. 28), ou *Petite-Pervenche* (*Drog.*, n. 194), sont des plantes qui arrêtent, dit-on la sécrétion du lait. Le *V. rosea* (n. 852), de Madagascar, non employé, est le type de la section *Lochnera*.

Les *Nerium* ont à peu près la fleur des Pervenches, sans la concavité du réceptacle. Le *N. Oleander* (n. 30), ou *Laurier-Rose*, de la région méditerranéenne, à corolle rose ou blanche, est ligneux, âcre, vomitif et purgatif.

Le *Plumeria rosea* (n. 1630), l'*Amsonia salicifolia* (n. 963) et le *Dissolena verticillata* (n. 1357), ce dernier d'origine chinoise, sont uniquement ornementaux

Le *Carissa bispinosa* (n. 1444) est un représentant de la tribu des *Carissées,* qui renferme quelques espèces amères et toniques, recommandées comme stomachiques et digestives.

Le *Gelsemium sempervirens* (n. 1354), de l'Amérique du Nord, souvent rapporté aux *Loganiacées*, a une tige sarmenteuse et des fleurs jaunes, anormales par la préfloraison de leur corolle, qui est imbriquée et non tordue. Leur ovaire est formé de 2 carpelles unis en une seule masse. C'est un antinévralgique, emménagogue, etc., très usité aujourd'hui dans l'Amérique du Nord.

ASCLÉPIADACÉES

Sont des Apocynacées à pollen en masses pourvues de caudicules et de rétinacles et à corolles munies d'appendices.

Les *Asclepias syriaca* (n. 745), qu'on dit originaire de l'Amérique du Nord, *curassavica* (n. 856), aujourd'hui introduit dans tous les tropiques, et *mexicana* (n. 1732) sont âcres, vomitifs et constituent dans un grand nombre de pays des succédanés de l'Ipécacuanha.

Le *Vincetoxicum officinale* (n. 288), ou *Dompte-venin*, plante indigène, est souvent employé sous le nom de *Racine d'Asclépiade* et fait partie du *Vin diurétique amer de la Charité*.

Le *Cynanchum monspeliacum* (n. 1733), laiteux et sarmenteux, passait pour produire la *Scammonée de Montpellier ;* ce qui semble aujourd'hui tout à fait inexact.

Le *Periploca græca* (n. 855), grande plante grimpante, est vénéneux, au moins pour certains animaux, tels que les chiens.

Le *Sperlingia carnosa* (n. 1315), plus connu sous le nom d'*Hoya*, le *Marsdenia erecta* (n. 1734), type d'une division de la famille, et le *Gomphocarpus arborescens* (n. 1731) n'ont d'intérêt qu'au point de vue botanique.

ÉRICACÉES

Éricées.

Les Bruyères (*Erica*) sont inusitées en médecine. Parmi les espèces cultivées, on distingue les *E. cinerea* (n. 550), commun dans nos bois et nos landes, *Tetralix* (n. 1744), *carnea* (n. 1305), *mediterranea* (n. 1745), tous indigènes.

Le *Calluna vulgaris* (n. 551), seul représentant de son genre, est indigène, très commun dans nos bois arides.

Andromédées.

Fruit capsulaire et corolle non persistante. Les *Andromeda calyculata* (n. 1306) et *polifolia* (n. 1568) sont les espèces les plus cultivées. Le *Zenobia speciosa* (n. 1557), type d'un genre très voisin, à grandes fleurs blanches, est de l'Amérique du Nord.

Le *Gaultheria procumbens* (n. 1119), célèbre par son essence, a un calice accrescent et charnu autour du fruit capsulaire.

Arbutées.

Fruit charnu. L'*Arbutus Unedo* (n. 1132), ou *Arbousier, Olonier*, est astringent; il doit à son fruit le nom de *Fraisier en arbre*. Le *Pernettia mucronata* (n. 1561) est inusité.

L'*Arctostaphylos Uva-Ursi* (n. 1128), ou *Busserolle, Raisin d'ours*, jadis célèbre contre la gravelle, est encore usité comme diurétique; il croît dans les régions montagneuses de l'Europe tempérée; on emploie surtout ses feuilles (*Drog.*, n. 226).

Rhododendrées.

Les *Rhododendron*, comprenant les *Azalea*, ont la corolle irrégulière et 5-10 étamines, rarement davantage. On cultive comme ornementaux les *R. arboreum* (n. 1533), *ledifolium* (n. 1627), *chinense* (n. 1121), *amœnum* (n. 1133), *indicum* (n. 1304). Le *R. ponticum* (n. 1532) passe pour vénéneux; le miel récolté dans ses fleurs par les abeilles, est, dit-on, nuisible. Le *R. canadense* (n. 1134) est le type de la section *Rhodora*. Les *R. ferrugineum* (n. 1120) et *hirsutum* (n. 1121) sont nos *Rosages* alpins, âcres, antisyphilitiques, antiscrofuleux.

Les *Kalmia* ont les fleurs régulières et 10 étamines engagées primitivement par leurs anthères dans des fossettes de la corolle. On cultive surtout les *K. latifolia* (n. 1861), antidartreux, vénéneux, *angustifolia* (n. 1541) et *glauca* (n. 1618).

Le *Menziezia polifolia* (n. 1135) a les caractères des *Erica*, mais sa capsule est septicide et non loculicide.

Les *Ledum* ont la corolle polypétale. Les *L. palustre* (n. 877) et *latifolium* (n. 878), ou *Thé du Labrador*, sont des arbustes des terrains humides, astringents, odorants, qui servent à préparer des infusions stimulantes, toniques, digestives et pectorales.

Le *Leiophyllum buxifolium* (n. 1130), très voisin des *Ledum*, n'est pas usité en médecine.

Le *Clethra alnifolia* (n. 1118) a une capsule loculicide, mais à 3 loges, avec une corolle analogue à celles des *Ledum*.

Vacciniées.

Éricacées à ovaire infère. Le *Vacinium Myrtillus* (n. 129), ou *Airelle*, a des baies (*Brimbelles*) acidules, astringentes, qu'on récolte dans nos bois montueux, et qui sont tinctoriales, propres à faire des conserves et des boissons fermentées.

Pirolées.

Éricacées dialypétales, herbacées, a fruit capsulaire. Les *Pirola minor* (n. 146) et *rotundifolia* (n. 176) sont indigènes; on les emploie comme vulnéraires, astringents, diurétiques.

OLÉACÉES

Oléées.

Les Oliviers (*Olea*) ont un fruit drupacé, riche en huile, contenue dans le sarcocarpe. L'*O. laurifolia* (n. 1681) est inusité chez nous. L'*O. fragrans* (n. 1277), souvent nommé *Osmanthus fragrans*, sert en Chine à aromatiser les thés.

Les Troënes (*Ligustrum*) ne diffèrent des *Olea* que par leur endocarpe plus mince. Le *L. vulgare* (n. 1593), indigène, est astringent, tinctorial; sa graine est oléagineuse. Les *L. japonicum* (n. 1309), *lucidum* et *nepalense* (n. 1658) sont ornementaux. Les *Phillyræa latifolia* (n. 1310) et *angustifolia* (n. 1380) ne sont pas médicinaux, mais représentent des types exceptionnels dans la série. Le *Chionanthus virginica* (n. 1278), ou *Arbre de neige*, est médicinal aux États-Unis.

Fraxinées.

Les Frênes (*Fraxinus*) sont des arbres à fleurs apétales; le *F. excelsior* (n. 187) sert d'aliment principal aux Cantharides, et dans le Midi, donne de la *Manne* (*Drog.*, n. 211, 212); mais ce médicament est surtout fourni, en Sicile et en Calabre, par l'*Ornus europœa* (n. 186), ou *Frêne à fleurs*, qui a une corolle.

Le *Fontanesia phillyreoides* (n. 1128) appartient à cette série par son fruit en samare et son raphé dorsal, mais par ses autres caractères, il se rapproche beaucoup des *Phllyrœa*.

Syringées.

Les Lilas (*Syringa*) ont souvent été employés comme toniques et fébrifuges. On cultive entre autres le *S. vulgaris* (n. 115) ou *Lilac*, les *S. Josikœa* (n. 118), espèce de l'Europe orientale, *Emodi* (n. 117), des montagnes de l'Inde, et *persica* (n. 116). C'est souvent le *S. chinensis* W. qui figure dans nos jardins sous ce nom. Les *Forsythia viridissima* (n. 221) et *suspensa* (n. 222) sont des arbustes de la Chine et du Japon, à floraison précoce, à ovules descendants, en nombre supérieur à 2 dans chaque loge.

Jasminées.

Les Jasmins (*Jasminum*) sont surtout recherchés pour leurs corolles odorantes; ex. : les *J. officinale* (n. 228), *odoratissimum* (n. 1742) et *revolutum* (n. 1743). Les *J. humile* (n. 1741), *pubigerum* (n. 1613), *chrysanthum* (n. 1612), *azoricum* (n. 1469), *fruticans* (n. 273), espèce indigène, *nudiflorum* (n. 220), *simplicifolium* (n. 1470) sont souvent ornementaux.

ILICINÉES

Plantes ligneuses, à gamopétalie souvent peu prononcée, à ovules descendants et pourvus d'un raphé dorsal, qui semblent rattacher les Éricacées aux Ébénacées.

L'*Ilex Aquifolium* (n. 114), notre *Houx commun*, donne de la glu. L'*I. vomitoria* (n. 880), dangereux à haute dose, est le *Thé des Apalaches*. L'*I. paraguaiensis* (n. 1721) produit le *Maté*, médicament d'épargne. Les *I. latifolia* (n. 979), *furcata*

(n. 978), *crenata* (n. 976), *microcarpa* (n. 977), *Cassine* (n. 980) n'ont; de même que les *Prinos glabra* (n. 981) et *verticillata* (n. 1303), de l'Amérique du Nord, qu'un intérêt botanique.

ÉBÉNACÉES

Les *Diospyros* ont des fruits parfois comestibles, quand ils sont blets, comme le *D. Kaki* (n. 502), très cultivé pour cette raison par les Chinois et les Japonais. Mais, non mûrs, ils sont d'ordinaire très astringents, antidiarrhéiques, fébrifuges, comme dans les *D. Lotus* (n. 501) et *virginiana* (n. 1379), ce dernier très usité en Amérique. Ses fruits fermentés servent aussi à faire des boissons alcooliques. Les *Royena lucida* (n. 1429) et *lycioides* (n. 1430) ont des fleurs 8-15-andres et ordinairement hermaphrodites.

SAPOTACÉES

Plantes de serre en général, ne sont représentées que par deux *Bumelia* assez rustiques, les *B. lycioides* (n. 1667) et *salicifolia* (n. 1659). Ce sont des arbres à latex blanc ou d'un jaune pâle, qui, dans de nombreuses espèces de la famille, constitue les *Gutta percha*. Ovules ascendants, à raphé ventral, tandis qu'il sont descendants dans les Ébénacées.

STYRACÉES

Sont des *Styrax*, comme le *S. officinalis* (n. 32), ou *Alibou-*

fier, qui donne, dit-on, en Asie Mineure, mais non chez nous, le véritable *Storax* (*Drog.*, n. 210); ou des *Halesia*, comme l'*H. tetraptera* (n. 982) et l'*H. hispida* (n. 1797), du Japon, de la section *Pterostyrax*. Relient les groupes précédents aux *Olacacées*, à placenta central et, par suite, aux *Loranthacées*, ici représentées par un *Thesium*, du groupe des *Santalées*, le *T. humifusum* (n. 294), et par le *Viscum album* (n. 1838), ou *Gui commun*, dont le fruit donne de la glu, parasites l'un sur des tiges, l'autre sur des racines, et d'une culture assez difficile dans nos jardins. Les Vignes (*Vitis*) représentent peut-être une forme anormale de ce groupe.

PLUMBAGINACÉES

Représentées par un *Plumbago*, le *P. Larpenthœ* (n. 1596), espèce européenne; un *Armeria*, l'*A. maritima* (n. 1877), commun sur les bords de nos mers, et un *Statice*, le *S. elata* (n. 1900), espèce ornementale, les *Plumbaginacées* ont un ovule unique, porté sur un placenta basilaire, par un long cordon au sommet duquel il dirige son micropyle en haut.

PRIMULACÉES

Différent des Plumbaginacées par leur placenta central-libre, plus court et plus épais, pluriovulé. L'ovule a le micropyle en bas et en dehors. Les Primevères (*Primula*) sont peu actives, même le *P. officinalis* (n. 1100). Les *P. acaulis* (n. 1098) et *elatior* (n. 1099) sont aussi indigènes; le *P. sinensis* (n. 1101) est cultivé comme plante d'ornement.

Le *Cyclamen europæum* (n. 1102), ou *Pain de Pourceau, Rave de terre*, a un renflement souterrain drastique et vénéneux, indiqué comme antigoutteux, employé à enivrer les poissons.

8.

L'*Anagallis arvensis* (n. 1103) est le *Mouron rouge* de no
champs; sa corolle peut être aussi bleue ou blanche.

Les *Lysimachia vulgaris* (n. 1104) et *Nummularia* (n. 110⁵
sont des herbes vivaces, indigènes, astringentes, vulnéraires.

Le *Samolus Valerandi* (n. 1106), petite herbe de nos localité
aquatiques, se distingue surtout par son ovaire infère.

POLYGONACÉES

Ovule basilaire unique, dressé, orthotrope. Feuilles à ocrea
Les *Rumex* sont 6-8-andres. Les plus usités sous le nom d
Patiences (*Drog.*, n. 258), sont les *R. Patientia* (n. 22) et sur
tout, croit-on, *obtusifolius* (n. 1840). Les *R. Hydrolapathur*
(n. 274) et *sanguineum* (n. 277), ou *Sandragon*, le sont moins
Les *R. Acetosa* (n. 275) et *acetosella* (n. 276) sont les *Grand*
et *Petite Oseilles sauvages*.

Les Rhubarbes (*Rheum*), à fleurs 9-andres, sont ou peu em
ployées, comme les *R. australe* (n. 271) et *hybridum* (n. 272)
ou comestibles et potagères, comme les *R. undulatum* (n. 266)
compactum (n. 268), *rugosum* (n. 269), et en Perse, le *R. Ribe*
(n. 270). Le *R. Rhaponticum* (n. 267) donne le *Rhapontic* or
Rhubarbe indigène (*Drog.*, n. 255), produite aussi par quelques
unes des espèces précédentes. Le *R. palmatum* (n. 19) a pass
longtemps pour donner seul les *Rhubarbes de Chine* et d
Moscovie (*Drog.*, n. 254); ce qui a plus tard été contesté. Or
croit cependant savoir aujourd'hui que sa variété *tanguticun*
fournit de la *Rhubarbe* dite *de Russie*. Mais, depuis un certai
nombre d'années, la majeure partie de la *R.* dite *de Chine* e
récoltée en Chine même, dans les provinces du Sud-Ouest, pro
vient du *R. officinale* (n. 18), espèce à tiges aériennes conique
et noirâtres; ce sont ces portions qui produisent le médicamen

de qualité supérieure dont les caractères histologiques sont bien ceux qui appartiennent à des tiges.

Les Renouées (*Polygonum*), à fleurs 6-8-andres, sont quelquefois utiles par leur tige souterraine; tel est le *P. Bistorta* (n. 17), astringent et tonique (*Drog.*, n. 256); ou quelquefois par leur graine féculente, comme le *P. Fagopyrum* (n. 289), ou *Sarrazin* (*Drog.*, n. 257), espèce annuelle; ou par leur matière colorante, comme le *P. tinctorium* (n. 1439). Nos espèces communes, les *P. Convolvulus* (n. 857), volubile et annuel, *amphibium* (n. 292), *Persicaria* (n. 1440), sont peu usitées.

Le *P. Hydropiper* (n. 1441), ou *Poivre d'eau*, a une saveur brûlante. Le *P. scandens* (n. 1678) est volubile et vivace. Le *P. cuspidatum* (n. 203) est japonais. Le *P. chinense* (n. 1438) représente la section *Ampeligonum*. Le *P. orientale* (n. 290) est cultivé comme espèce annuelle et ornementale.

Les *Muehlenbeckia*, dont le fruit est induvié du périanthe accru et charnu, sont océaniens ou de l'Amérique du Sud. Le *M. complexa* (n. 1437) a des branches grêles et cylindriques; celles du *M. platyclada* (n. 1757), des îles Salomon, sont transformées en cladodes étroits, aplatis et allongés.

JUGLANDACÉES

Le Noyer, ou *Juglans regia* (n. 1527), d'origine orientale, célèbre comme astringent, représente un type qui relie les Térébinthacées, d'une part aux Santalacées, Polygonacées, et Myricées de l'autre, analogue à ces dernières par son ovule unique, dressé et orthotrope et la diclinie de ses fleurs. On emploie surtout ses feuilles (*Drog.*, n. 257). La portion comestible et riche en matière grasse de ses semences, est l'embryon.

CONIFÈRES

Pinées ou **Abiétinées.**

Le genre Pin (*Pinus*) comprend comme sections les Sapi
(*Abies*), les *Picea*, les *Cedrus* et les Mélèzes (*Larix*). Not
Pinus sylvestris (n. 1228) commun, dont les bourgeons (*Drog*
n. 261) s'emploient sous le nom erroné de *Bourgeons de Sapi*
donne un grand n mbre de produits résineux et térébenthiné
c'est le plus communément cultivé en France. Le *P. Pinast*
(n. 1223), souvent à tort nommé *P. maritima*, est l'arbre d
landes de Gascogne, dont s'extrait la *Térébenthine de Bordeau*
(*Drog.*, n. 262). Le *P. Laricio* (n. 1224) est le *Pin à pignon*
espèce méditerranéenne, croissant difficilement chez nous. I
P. Pinsapo (n. 1237), ornemental, est de la section *Abies*, comm
le *P. Picea* (n. 1227), ou *Sapin argenté*, qui produit une tér
benthine (et non les bourgeons dits *de Sapin*). Le *P. Tœd*
(n. 1226) donne une partie de la *Térébenthine de Boston.* I
P. balsamea (n. 1230), l'arbre au *Baume du Canada* (*Drog*
n. 268), est, en effet, une espèce américaine, souvent désign
sous le nom d'*Abies balsamea*. Le *P. australis* (n. 1225), do
le véritable nom est *P. palustris*, produit aussi une portion (
la *T. de Boston*. Le *P. Larix* (n. 1229) est le Mélèze, qui pr
duit la *Manne de Briançon* et porte l'*Agaric blanc* (*Drog*
n. 316); et le *P. Cedrus* (n. 1236) est le *Cèdre du Liban*, célèb
dans l'antiquité par les qualités de son bois.

Les *Araucaria*, dont l'écaille porte une fleur femelle, au lie
de deux, comme dans les Pins, sont, entre autres, les *A. imbr*
cata (n. 1233), *brasiliensis* (n. 1234) et *excelsa* (n. 1252);
dernier, de la section *Eutassa*, est le *Pin de l'île Norfolk*.

Podocarpées.

Représentées par le *Podocarpus chinensis* (n. 1243), dont le gynécée simule un ovule anatrope et a un support charnu.

Taxées.

Le *Taxus baccata* (n. 455), l'If commun, a le fruit entouré d'une cupule charnue; il passe pour vénéneux. Ses feuilles s'employaient contre la goutte, les rhumatismes et les fièvres intermittentes. Le *Torreya nucifera* (n. 1258) est américain; son fruit est drupacé.

Le *Ginkgo biloba* (n. 454), ou *Arbre aux quarante écus*, est chinois, dioïque et à fruits drupacés.

Le *Phyllocladus rhomboidalis* (n. 1242), de la Nouvelle-Zélande, a les fleurs portées par des cladodes flabelliformes.

Thuyées ou **Cupressinées.**

Les *Thuya orientalis* (n. 1239), *occidentalis* (n. 1240) et *gigantea* (n. 1255) ont les fleurs femelles peu nombreuses dans une même aisselle; elles sont le plus ordinairement géminées. Le *Thuyopsis dolabrata* (n. 1261), du Japon, ne constitue vraisemblablement qu'une section du même genre, de même que le *Retinospora ericoides* (n. 1262).

Les Genêvriers (*Juniperus*) ont les fleurs femelles solitaires ou géminées et dressées. Le *J. communis* (n. 453) a des fruits composés à bractées charnues, dits à tort *Baies de Genièvre* (*Drog.*, n. 270), aromatiques, stimulants. Le *J. Sabina* (n. 10) est célèbre par les propriétés emménagogues et abortives, probablement exagérées, de ses feuilles (*Drog.*, n. 271). Le *J. prostrata* (n. 453) n'est probablement qu'une forme humble et couchée de la plante précédente. Le *J. virginiana* (n. 1256), ou *Cèdre de Virginie*, a un bois rouge, odorant. Le *J. Oxycedrus* (n. 1897) produit l'*Huile de Cade*.

L'*Arthrotaxis cupressoides* (1253), océanien, et le *Cephalotaxus Fortunei* (n. 1257), asiatique, appartiennent au groupe voisin des *Taxodiées*.

Le *Cupressus sempervirens* (n. 1238) est notre Cyprès commun
Le *Callitris quadrivalvis* (n. 1254), du Maroc, produit l
Sandaraque (*Drog.*, n. 269).

Les groupes voisins des Conifères auxquels on a donné l
nom de *Cycadacées, Casuarinées* et *Gnétacées*, sont respective
ment représentés par le *Cycas revoluta* (n. 1235), arbre
fécule contenue dans la tige ; le *Casuarina equisitifolia* (n. 1245)
ou *Filao;* les *Ephedra distachya* (n. 1244), indigène, asse
commun sur nos côtes, et *altissima* (n. 1259).

MONOCOTYLÉDONES

GRAMINÉES

Agrostées.

La plupart plantes fourragères, comme les *Festuca ovin*
(n. 673), *elatior* (n. 672) et *glauca*, indigènes ; les *Bromu*
secalinus (n. 676), *arvensis* (n. 677), *lanuginosus* (n. 679). Le *I*
purgans (n. 678) est laxatif. Le *Poa nemoralis* (n. 610), le *Dac*
tylis glomerata (n. 671), le *Melica ciliata* (n. 668), le *Cynosuru*
cristatus (n. 611), ou *Cretelle;* le *Briza maxima* (n. 670) (
le *B. media* (n. 669), ou *Amourette,* sont dans le même cas.

Le *Gynerium argenteum* (n. 693), ou *Roseau des Pampas,* d
l'Amérique du Sud, est ornemental. L'*Arundo Donax* (n. 690
ou *Canne de Provence*, a un rhizôme antilaiteux (*Drog.*, n. 305
L'*A. Phragmites,* notre Roseau commun, est le type pour bie
des auteurs d'un genre *Phragmites.*

Le *Mibora minima* (n. 665) est la plus précoce de nos Gram

nées et l'une de celles dont l'inflorescence est le moins compliquée. Le *Phleum pratense* (n. 654) est fourrager. Les *Stipa tenacissima* (n. 646) et *pennata* (n. 647) sont des *Alfa*.

Hordéées.

La plupart sont des céréales, à graine farineuse, alimentaire : Les Blés (*Triticum*), tels que les *T. vulgare* (n. 680), *sativum* (n. 681), *amylaceum* (n. 682), *monococcum* (n. 683), *Spelta* (n.684), ou *Epeautre*, espèces voisines (?) ou variétés d'une seule et même espèce; les Orges (*Hordeum*), comme les *H. Zeocriton* (n. 685), *cœleste* (n. 686) et *hexastichon* (n. 687), parfois tous rapportés à une seule espèce, l'*H. vulgare;* le *Secale cereale* (n. 688), ou *Seigle* cultivé. Le *Triticum repens* (n. 1867), ou *Chiendent commun, Petit-Chiendent* (*Drog.*, n. 304), à rhizômes dits diurétiques, appartient aux *Agropyrum*. L'*Elymus arenarius* (n. 694) est une plante vivace, employée dans l'ouest de l'Europe à maintenir les dunes. Le *Lolium temulentum* (n. 674) passe pour vénéneux et est peut-être inoffensif. L'*Asprella hystrix* (n. 1668) est une Hordéée voisine de l'*Elymus arcnarius*.

Bambusées.

Sont des Bambous (*Bambusa*), tels que les *B. aurea* (n. 692) et *viridi-glaucescens* (n. 691) et l'*Arundinaria japonica* (n. 675), tous plus ou moins ligneux, ornementaux.

Chloridées.

Le *Cynodon Dactylon* (n. 663) est le *Gros-Chiendent* ou *Pied-de-poule*, indigène, employé comme diurétique.

Avénées.

Les *Avena sativa* (n. 665) et *orientalis* (n. 664) sont cultivés comme céréales. L'*A. sterilis* (n. 667) est indigène, de même que l'*A. elatior* (n. 666), type d'un genre *Arrenatherum*.

Phalaridées.

Les Vulpins (*Alopecurus*) de nos prairies, tels que les *A. pra
tensis* (n. 652) et *geniculatus* (n. 653), sont fourragers. Le
Flouves *(Anthoxanthum)* ont des fleurs diandres, comme l'*A
odoratum* (n. 657), à parfum vanillé, et l'*A. amarum* (n. 658
médicamenteux. Les Alpistes (*Phalaris*) sont ornementau:
comme le *P. arundinacea* (n. 649), vert ou panaché de blan
ou alimentaires, comme le *P. canariensis* (n. 695), cultivé.

Andropogonées.

Outre les *Andropogon*, tels que l'*A. squarrosum* (n. 666), u
des espèces de l'Inde à essence odorante, ce groupe comprend
Saccharum officinarum (n.689), ou *Canne-à-sucre*, et des *Sorgh*
(*Sorghum*), dont un à sucre, le *S. saccharatum* (n. 699), et l
S. vulgare (n. 698), *cernuum* (n. 700), *halepense* (n. 701).

Oryzées.

L'*Oryza sativa* (n. 648), le *Riz cultivé*, fructifie souvent da
nos serres et se cultive en grand dans les marais des pa
chauds.

Zéées.

Le *Zea Mais* (n. 650), ou *Blé de Turquie*, est probableme
d'origine américaine. Le *Coix Lacryma* (n. 651), ou *Larme
Job*, a des bractées durcies, simulant un péricarpe; il est, dit-o
diurétique. Le *Tripsacum dactyloides* (n. 403) est américain

Panicées.

Les *Panicum miliaceum* (n. 661), *italicum* (n. 659), *germ
nicum* (n. 660), *capillaceum* (n. 662) ont des graines alime
taires et servent de Millets. Le *Penicillaria spicata* (n. 1(
se rapporte comme section au genre *Pennisetum*.

CYPÉRACÉES

Cypérées.

Les Souchets (*Cyperus*) sont extrêmement nombreux. Le *C. Papyrus* (n. 1589) servait à fabriquer le *papyrus* chez les anciens. Le *C. alternifolius* (n. 1588) est une plante d'ornement. Le *C. esculentus* (n. 1592) a des renflements souterrains alimentaires, sucrés, aromatiques et mucilagineux. Le *C. longus* (n. 1648) est le *Souchet odorant* des pharmacies.

Le *Scirpus lacustris* (n. 584) est le *Jonc des chaisiers*, usité en vannerie. Le *S. sylvaticus* (n. 595) est aussi indigène.

L'*Isolepis gracilis* (n. 1655) est cultivé comme plante d'ornement.

L'*Heleocharis palustris* (n. 1707) est indigène. Sa fleur porte des soies courtes qui, dans l'*Eriophorum polystachyum* (n. 1591), autre herbe de nos marais, deviennent longues et soyeuses.

Les Laiches (*Carex*) sont très nombreuses et ont des fleurs apérianthées. Le *C. maxima* (n. 1661) est la plus grande de nos espèces indigènes. Le *C. arenaria* (n. 1590) a des rhizômes grêles, traçants, qui constituent la *Salsepareille d'Allemagne*.

LILIACÉES

Ovaire supère et fleur généralement hexandre. Fruit sec ou charnu. Plantes à bulbe ou à rhizôme.

Liliées.

Le *Lilium candidum* (n. 634) a un bulbe écailleux, émollient et un périanthe odorant, antispasmodique. Le *L. bulbiferum* (n. 1587) a des fleurs orangées et une tige bulbifère.

Le *Tulipa sylvestris* (n. 140) est indigène, et le *T. Gesneriana* (n. 636) est cultivé comme ornemental. Les *Fritillaria* ont la base des sépales creusée d'une fossette nectarifère. Les *F. persica* (n. 402) et *imperialis* (n. 460) sont orientaux, à bulbes diurétiques ; le *F. Meleagris* (n. 401), ou *F. Damier*, est indigène.

Scillées.

Le *Scilla peruviana* (n. 639), américain, est cultivé comme plante d'ornement. Le *S. bifolia* (n. 638) est le type de la section *Adenoscilla*. Les *S. campanulata* (n. 1665) et *nutans* (n. 633), ou *Jacinthe des bois*, appartiennent à la section *Endymion* ou *Agraphis*. Le *S. maritima* (n. 16), dont les *squames* (*Drog.*, n. 278) sont usitées comme diurétiques, drastiques et hydragogues, est le type de la section *Urginea ;* il est vénéneux.

Les Jacinthes (*Hyacinthus*), comme l'*H. orientalis* (n. 632), ont le périanthe gamophylle, portant sur son tube les étamines. L'*H. serotinus* (n. 1664) est le type du genre *Dipcadi*.

Le *Muscari racemosum* (n. 630) représente un autre genre indigène, à périanthe gamophylle, très voisin des Jacinthes.

Les *Ornithogalum pyrenaicum* (n. 631) et *umbellatum* (n. 629), ou *Belle de onze heures*, sont aussi des herbes bulbeuses indigènes. Cuits, leurs bulbes sont, dit-on, alimentaires.

Alliées.

Les Aulx (*Allium*), dont l'odeur est caractéristique et dont les propriétés irritantes sont manifestes, ont un bulbe généralement tuniqué. L'*A. sativum* (n. 394) est l'*Ail de cuisine* qui fait partie du *Vinaigre des quatre voleurs ;* l'*A. Porrum* (n. 391), le *Poireau ;* l'*A. Cepa* (n. 392), l'*Oignon de cuisine ;* l'*A. ascalonicum* (n. 640), l'*Echalotte ;* l'*A. fistulosum* (n. 641), la *Ciboule ;* l'*A. Schœnoprasum* (n. 642), la *Ciboulette* ou *Civette*. Les *A. nigrum* (n. 1047) et *Moly* (n. 393), ou *Ail doré*, sont cultivés pour leurs fleurs. L'*A. ursinum* (n. 395), remarquable par ses organes de végétation, est assez rare dans nos bois.

L'*Agapanthus umbellatus* (n. 564), à fleurs bleues ou blanches et disposées en cymes unipares, est de l'Afrique australe.

Hémérocallées.

Sont des *Hemerocallis* ornementaux, comme l'*H. flava* (n. 636), ou *Lis jaune*, et l'*H. fulva* (n. 635), ou *Lis fauve*, et le *Phormium tenax* (n. 390), ou *Lin de la Nouvelle-Zélande*.

Aloées.

Les principaux *Aloe* cultivés sont : l'*A. vulgaris* (n. 565), dont le vrai nom est *A. vera* L., et qui produit la plupart des *Aloès* médicinaux de l'ancien monde et l'*A. des Barbades* (*Drog.*, n. 280); l'*A. spicata* (n. 567), qui passe pour produire le meilleur *Aloès du Cap* (*Drog.*, n. 279); l'*A. soccotrina* (n. 566), qui ne donne pas l'*Aloès* dit *sucotrin* du commerce et n'existe pas à Socotora; les *A. frutescens* (n. 1666) et *linguiformis* (n. 1667), qui fournissent peut-être de l'aloès de qualité inférieure (*Drog.*, n. 281), dans l'Afrique australe.

Les *Yucca* sont ligneux, américains, à inflorescence ramifiée, à fruit indéhiscent ou capsulaire; ex. : les *Y. gloriosa* (n. 1537), *filamentosa* (n. 1538), *flaccida* (n. 1539).

Asphodélées.

Les *Asphodelus* ont la fleur régulière et blanche, comme l'*A. ramosus* (n. 389), ou un peu irrégulière et jaune, comme l'*A. luteus* (n. 388), ou *Bâton de Jacob*, type de la section *Asphodeline*. Leurs racines fasciculées sont épaisses et charnues.

Dracénées.

Le *Dracæna Draco* (n. 1300) donnait le *Sang-Dragon* des îles occidentales africaines, aujourd'hui très rare et peu employé comme astringent. Le *D. terminalis* (n. 1301) est ornemental.

Aspidistrées.

Représentées par l'*Aspidistra elatior* (n. 1542), ornemental, et le *Rhodea japonica* (n. 1402), tous deux asiatiques.

Colchicées.

Le *Colchicum autumnale* (n. 4), ou *Tue-loup*, indigène, est employé comme antigoutteux et antirhumatismal, hydrago-gue et sédatif, etc.; on utilise son bulbe *plein* (*Drog.*, n. 274) et ses graines (*Drog.*, n. 275).

Les Varaires (*Veratrum*) ont un rhizôme et des inflorescences ramifiées. Le *V. album* (n. 397), indigène, est l'*Hellébore blanc* (*Drog.*, n. 277); le *V. nigrum* (n. 398) lui est parfois substitué. Le *V. viride* (n. 399), américain, est appliqué au traitement des phlegmasies pulmonaires, etc. Ils *ne servent pas* à l'extraction de la *Vératrine* qui se retire de la *Cévadille*, non cultivée.

Asparagées.

Les Asperges (*Asparagus*) ont les rameaux aériens dressés, comme l'*A. officinalis* (n. 383), alimentaire, diurétique, dépu-ratif (*Drog.*, n. 282), et l'*A. amarus* (n. 1411); ou grimpants, comme l'*A. verticillatus* (n. 1299).

Le *Ruscus aculeatus* (n. 380), ou *Fragon épineux*, *Petit-Houx*, à rameaux dimorphes, à cladodes florifères, fournit une des 5 *racines apéritives* (*Drog.*, n. 285). Le *R. Hypophyllum* (n. 1536) est une des formes du *Laurier-Alexandrin*, diuré-tique. Le *R. racemosus* (n. 381), à cladodes non florifères et à grappes terminales, est le type du genre *Danae* (*Danaida*).

Le *Convallaria majalis* (n. 382), le *Muguet de mai*, indigène, à périanthe gamophylle, sternutatoire, est vanté comme cardiaque.

Le *Paris quadrifolia* (n. 384), indigène, a des fleurs 4-mères et 8-andres; il est purgatif et vénéneux. Le *Maianthemum bifo-lium* (n. 385), également indigène, a les verticilles 2-mères.

Les Sceaux-de-Salomon (*Polygonatum*), à rameaux aériens portant à la fois les feuilles et les fleurs, sont les *P. vulgare*

(n. 386) et *multiflorum* (n. 387), tous deux indigènes et vivaces.

Les *Juncus*, type de la famille des *Juncacées*, comme le *J. conglomeratus* (n. 1662), ne sont que des Liliacées à périanthe double, non coloré ; les jardiniers en font des liens.

Smilacées.

Les Salsepareilles (*Smilax*), sarmenteuses, à feuilles non rectinerves, accompagnées de deux vrilles, sont : ou méditerranéennes, comme les *S. aspera* (n. 1544), *mauritanica* (n. 1545) et *excelsa* (n. 1546) ; ou tropicales, comme le *S. medica* (n. 1543), qui donne les meilleures *Salsepareilles du Mexique* et le *S. officinalis* (n. 1864), d'où l'on tire les bonnes sortes de la Jamaïque et de l'Amérique du Sud (*Drog.*, n. 283).

AMARYLLIDACÉES

Ovaire infère ; androcée diplostémoné.

Le *Galanthus nivalis* (n. 625), le *Perce-neige*, et les *Narcissus poeticus* (n. 326) et *Pseudo-Narcissus* (n. 626) sont indigènes. Le dernier est un vomitif précieux, pour les enfants surtout. Le *N. odorus* (n. 1586) est une des *Jonquilles* cultivées.

L'*Agave americana* (n. 1585), souvent à tort confondu avec les Aloès, donne le *Fil de Pitte ;* sa sève fermentée constitue le *Maguey* et le *Pulque*, boissons alcooliques des Mexicains.

L'*Alstrœmeria Lightu* (n. 1814), herbe américaine, dépurative, a des fleurs irrégulières, 6-andres, à 6 folioles dissemblables.

DIOSCORÉACÉES

Fleurs unisexuées et diplostémonées. Ovaire infère à 3 loges

2-ovulées. Représentées par deux herbes grimpantes à portion souterraine tubéreuse : le *Dioscorea Batatas* (n. 1563), ou *Igname de Chine*, comestible, et le *Tamus communis* (n. 1865), ou *Herbe aux femmes battues*, dioïque, indigène, à tubercule volumineux, employé depuis longtemps contre les contusions et les plaies.

IRIDACÉES

Ovaire infère ; androcée isostémoné.

Les *Iris florentina* (n. 404) et *germanica* (n. 405) donnent les rhizômes dits *racines d'Iris* (*Drog.*, n. 272), odorants, féculents, irritants à l'état frais. L'*I. Pseudo-Acorus* (n. 406), ou *Flambe des marais*, et l'*I. fœtidissima* (n. 407), ou *Iris-Jambon*, sont indigènes. Les *I. Xyphium* (n. 408) et *xyphioides* (n. 409), exotiques, à feuilles étroites, ont des fleurs ornementales.

Les Safrans (*Crocus*) sont à floraison ou vernale, comme les *C. vernus* (n. 142) et *luteus*, ou bien automnale, comme le *C. sativus* (n. 141) dont les styles flabelliformes et plissés, rougeâtres, constituent le *Safran* (*Drog.*, n. 273).

Les Glaïeuls (*Gladiolus*) sont des Iridacées à fleur irrégulière, comme le *G. segetum* (n. 628), indigène, qui passe pour anti-scrofuleux, et le *G. gandavensis* (n. 1351), ornemental.

ZINGIBÉRACÉES

Ovaire infère ; fleur irrégulière, surtout par l'androcée réduit à une ou à une demi-étamine fertile.

Le *Zingiber officinale* (n. 1582), de l'Asie tropicale, est cultivé pour ses rhizômes aromatiques, stimulants, emménagogues, constituant le *Gingembre* (*Drog.*, n. 288).

Le *Curcuma longa* (n. 1866), asiatique, a des rhizômes et des racines odorants, tinctoriaux (*Drog.*, n. 289).

Les *Alpinia nutans* (n. 1584) et *Hedychium Gardneri* (n. 1583) sont vivaces et ornementaux.

Les Balisiers (*Canna*) ont une demi-étamine fertile. Le *C. indica* (n. 627) a un rhizôme féculent. Le *C. edulis* (n. 1848) donne la fécule de *Tous-les-mois* (par corruption *Tolimane*).

L'*Amomum Cardamomum* (n. 143), de l'Asie tropicale, produit un des *Amomes en grappes* des pharmacies (*Drog.*, n. 297).

Le *Maranta arundinacea* (n. 1599) à une demi-anthère fertile, à ovaire uniovulé, avec l'ovule ascendant, donne par son rhizôme l'*Arrow-root* vrai (*Drog.*, n. 293).

Les Bananiers (*Musa*), parfois rattachés comme tribu (*Musées*) aux Zingibéracées, ont 5 étamines fertiles et un ovaire multiovulé. Le *M. paradisiaca* (n. 1405) est de l'Inde; le *M. chinensis* (n. 1404), de l'extrême Orient; le *M. Ensete* (n. 1403), de l'Afrique tropicale; leurs fruits sont comestibles, aspermes.

ORCHIDACÉES

Ovaire infère. Fleur irrégulière par le périanthe et l'androcée, et *gynandre*. Les *Orchis Morio* (n. 1763), *militaris* (n. 1762), *mascula* (n. 1764), terrestres, donnent du *Salep* (*Drog.*, n. 286) indigène par leurs *ophrydo-bulbes*. L'*O. bifolia* (n. 1765) est devenu le type du genre *Platanthera*. L'*Ophrys aranifera* (n. 1767), sans éperon, est une des variétés de l'*O. insectifera* L. Le *Neottia ovata* (n. 1766), à 2 feuilles, à fleurs verdâtres, est la plus commune de nos Orchidacées.

Le *Vanilla planifolia* (n. 1760), qui doit prendre le nom de *V. claviculata*, est cultivé dans les serres chaudes pour ses fruits aromatiques, charnus et 2-valves (*Drog.*, n. 287).

Le *Cypripedium insigne* (n. 1766) a l'androcée diandre.

HYDROCHARIDACÉES

L'*Hydrocharis Morsus-ranæ* (n. 417) est une petite herbe flottante indigène, à fleurs blanches, à ovaire infère.

ALISMACÉES

Butomées.

Représentées par le *Butomus umbellatus* (n. 1049), ou *Jonc fleuri*, indigène, apéritif, alexipharmaque, inusité, et l'*Hydrocleis Humboldtii* (n. 1051), de l'Amérique tropicale.

Alismées.

L'*A. Plantago* (n. 413), ou *Plantain d'eau*, a une souche à odeur chlorée. L'*A. natans* (n. 1869) est devenu le type des *Elisma*. L'*A. ranunculoides* (n. 414) relie les Monocotylédones aux Renonculacées par les *Ranunculus* à fleurs 3-mères.

Le *Sagittaria sagittifolia* (n. 415), indigène, vivace, a des fleurs unisexuées. Sa racine est astringente, rafraîchissante.

NAIADACÉES

La série des *Potamées* est représentée par le *Potamogeton natans* (n. 1854), indigène; celle des *Aponogétées*, par l'*Aponogeton distachyum* (n. 1868), à fleurs polygames, apérianthées.

PALMIERS

Quelques exemples seulement peuvent être livrés au plein air, comme le *Chamærops humilis* (n. 1880), ou *Palmier nain* de la région méditerranéenne ; le *Trachycarpus excelsa* (n. 1878), ou *Chanvre de Chine ;* le *Phœnix dactylifera* (n. 1816), le *Dattier*, à fruits charnus, alimentaires, pectoraux ; le *P. leonensis* ou *Dattier de Sierra-Leone ;* le *Jubæa spectabilis* (n. 1881), espèce de l'Amérique tempérée, parfaitement rustique dans le Midi.

AROIDACÉES

Arées.

Les *Arum* indigènes sont les *A. maculatum* (n. 1294), ou *Pied-de-veau*, et *italicum* (n. 1295), à souche féculente et âcre.

Le *Dracunculus vulgaris* (n. 1813), ou *Serpentaire commune*, espèce méditerranéenne, a des feuilles pédatiséquées.

Colocasiées.

Le *Colocasia antiquorum* (n. 1705) est cultivé comme alimentaire dans une grande portion des régions tropicales. L'*Alocasia odora* (n. 1706) a des usages analogues. Le *Xanthosoma violaceum* (n. 279) est de l'Amérique tropicale, vivace.

Philodendrées.

Cette série est représentée depuis longtemps dans nos cultures par la plante désignée à tort sous le nom de *Richardia œthiopica* (n. 1297) et qui doit prendre celui de *Zantedeschia œthiopica ;* sa spathe est pétaloïde, blanche et odorante.

9.

Pythoniées.

Le *Proteinophallus Rivieri* (n. 1298), qui appartient comme section au genre *Amorphophallus*, est cochinchinois et a des fleurs précoces, précédant les feuilles; sa souche est tubériforme, déprimée; son spadice a une odeur cadavérique.

Callées.

Le *Calla palustris* (n. 1296), herbacé, à rhízôme rampant dans la vase, a l'ovaire uniloculaire et des ovules basilaires.

Acorées.

L'*Acorus Calamus* (n. 1293), ou *Acore vrai*, à souche aromatique, odorante (*Drog.*, n. 298), a des feuilles ensiformes, condupliquées et une spathe conforme, de couleur verte. L'*A. gramineus* (n. 1642), de la Chine, a les mêmes propriétés.

Le *Lemna minor* (n. 1048), ou *Petite Lentille d'eau*, appartient aux *Lemnacées*, dont certains types sans vaisseaux et sans axes descendant et ascendant distincts, servent, quoique pourvus de véritables fleurs, de passage vers les Acotylédones.

ACOTYLÉDONES

FOUGÈRES

Le *Polystichum Filix-mas* (n. 1518) est la plus importante de nos fougères au point de vue médical; c'est son rhizôme qu'on emploie comme anthelminthique (*Drog.*, n. 311).

Les *Capillaires* sont des *Adiantum*. L'*A. Capillus-Veneris* (n. 1521) fournit la *C. de Montpellier*, et l'*A. pedatum* (n. 1522), la *C. du Canada* (*Drog.*, n. 313), pectorales, émollientes, sudorifiques, peu usitées.

Le *Blechnum Spicant* (n. 1523) est indigène ; il passe pour tonique, vulnéraire, et dans certaines campagnes, entre comme amer dans la fabrication de la bière.

Le *Ceterach officinarum* (n. 962), ou *Doradille d'Espagne*, est astringent, diurétique et béchique ; on l'employait jadis, comme tant d'autres Fougères, contre la gravelle.

L'*Asplenium Adiantum-nigrum* (n. 1232), ou *Capillaire noire*, était usité comme diaphorétique, béchique et se substitue encore aux *Capillaires* vraies.

Le *Scolopendrium officinarum* (n. 1363), ou *Langue de bœuf, Herbe à la rate*, est vermifuge, pectoral, désobstruant. Dans les campagnes, ses feuilles s'appliquent encore sur les brûlures.

L'*Osmunda regalis* (n. 1524), ou *Fougère royale*, plante de nos marais, donne de la potasse ; on le préconisait jadis contre la scrofule et contre le *carreau* des enfants. Ses inflorescences sont dépourvues de lames foliaires et occupent le sommet des frondes.

Le *Polypodium vulgare* (n. 1520), ou *Polypode de Chêne, Réglisse des bois*, est pectoral et laxatif ; la poudre de son rhizôme (*Drog.*, n. 312) sert à enrober les pilules.

Le *Pteris aquilina* (n. 1519), ou *Fougère à l'aigle*, passe pour vermifuge ; il donne de la potasse par incinération.

L'*Ophioglossum vulgatum* (n. 1525), ou *Langue de Serpent*, représente les *Ophioglossées*, Fougères exceptionnelles. Il s'emploie quelquefois encore dans les campagnes comme vulnéraire, mais il est peu usité.

FIN

FIN DE LA TABLE ALPHABÉTIQUE DES MATIÈRES.

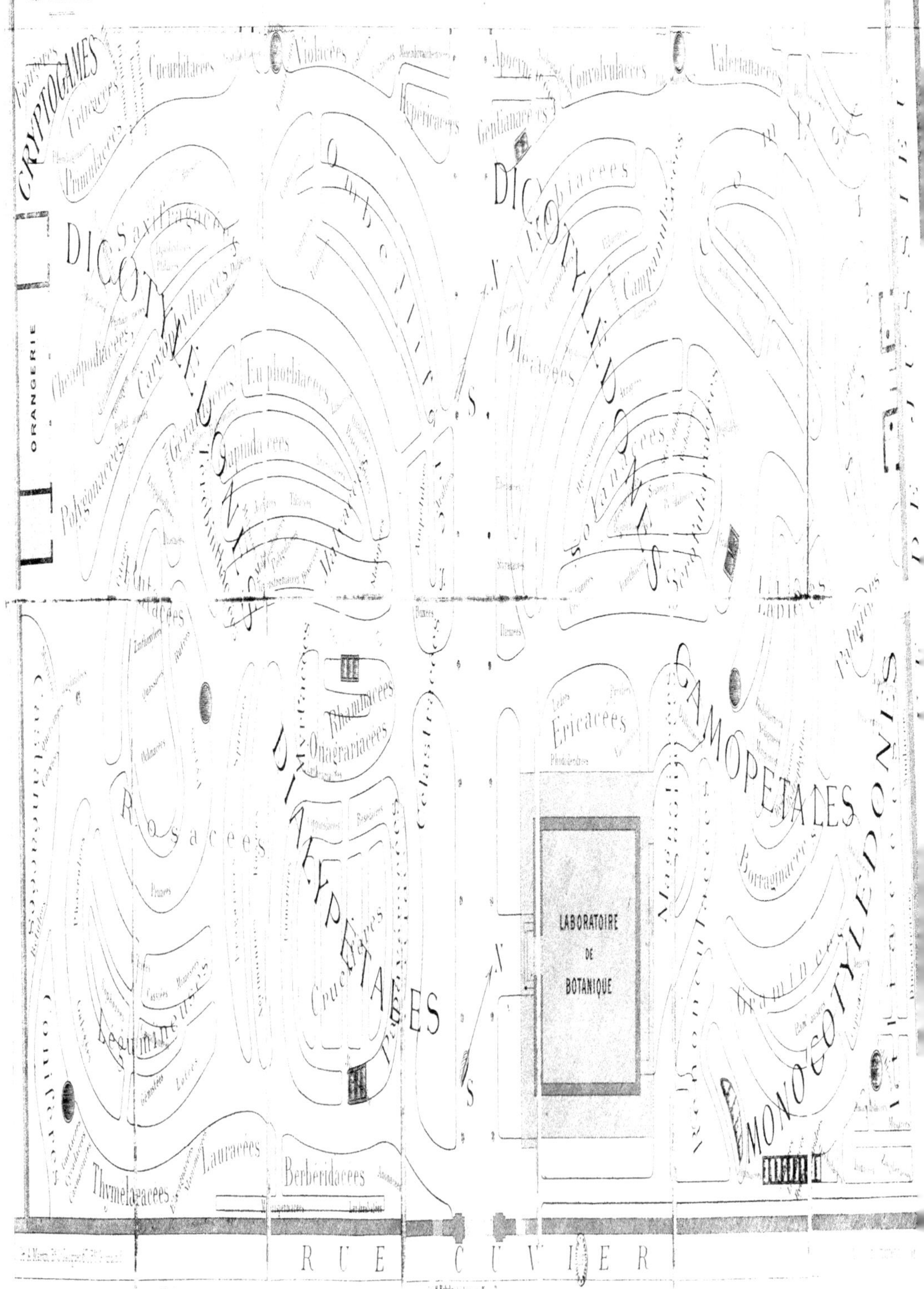

PLAN
DU JARDIN BOTANIQUE
de la
Faculté de Médecine de Paris
SERRES ET RÉSERVES
ORANGERIE
CRYPTOGAMES
Ericacées
Primulacées
Chénopodiacées
Polygonacées
Saxifragacées
Caryophyllacées
Géraniacées
DICOTYLÉDONES
Cucurbitacées
Violacées
Hypéricacées
Euphorbiacées
Sapindacées
Tiliacées
DICOTYLÉDONES
Apocynées
Gentianacées
Convolvulacées
Campanulacées
Solanacées
DICOTYLÉDONES
Valérianacées
Rhamnacées
Onagrariacées
Rosacées
Légumineuses
DIALYPÉTALES
Ericacées
GAMOPÉTALES
Borraginacées
LABIÉES
LABORATOIRE
DE
BOTANIQUE
Graminées
MONOCOTYLÉDONES
Lauracées
Thymelæacées
Berberidacées
RUE CUVIER